Die Kunst des Krieges von Sun Tzu

Vollständige Ausgabe

Die neue moderne deutsche Übersetzung von „The Art of War“ (Übersetzt und kommentiert) - Timeless Lore

Autor – Sun Tzu
Herausgeber – Timeless Lore
Übersetzer – Nathan Cole, Finn Meier und Joseph-Marie Amiot

INHALTSVERZEICHNIS

EINLEITUNG....5

KAPITEL 1 – PLÄNE SCHMIEDEN....13

Analyse von Kapitel 1....19

KAPITEL 2 – KRIEGFÜHREN....21

Analyse von Kapitel 2....25

KAPITEL 3 – ANGRIFF DURCH STRATEGIE....27

Analyse Von Kapitel 3....33

KAPITEL 4 – TAKTISCHE AUFSTELLUNGEN....35

Analyse Von Kapitel 4....40

KAPITEL 5 – ENERGIE....42

Analyse Von Kapitel 5....46

KAPITEL 6 – SCHWÄCHEN UND STÄRKEN....49

Analyse Von Kapitel 6....57

KAPITEL 7 – MANÖVRIEREN....59

Analyse Von Kapitel 7....65

KAPITEL 8 – ABWANDLUNG DER TAKTIKEN....67

Analyse Von Kapitel 8....74

KAPITEL 9 – DIE ARMEE AUF DEM MARSCH....77

Analyse Von Kapitel 9....85

KAPITEL 10 – GELÄNDE....87

Analyse Von Kapitel 10....95

KAPITEL 11 – DIE NEUN SITUATIONEN....97

Analyse Von Kapitel 11 112

KAPITEL 12 – DER ANGRIFF MIT FEUER 115

Analyse Von Kapitel 12 119

KAPITEL 13 – DER EINSATZ VON SPIONEN 121

Analyse Von Kapitel 13 127

SCHLUSSWORT 129

ÜBER UNS 130

Einleitung

Die zeitlose Relevanz von „Die Kunst des Krieges“

Nur wenige Werke der Menschheitsgeschichte haben ihren ursprünglichen Kontext so weit übertroffen, dass sie heute als universelle Anleitung für Erfolg in den unterschiedlichsten Bereichen gelten. Die Kunst des Krieges von Sun Tzu ist ein solches Meisterwerk. Obwohl es vor über 2.500 Jahren im alten China verfasst wurde, hat sich seine Weisheit als ebenso anwendbar in modernen Vorstandsetagen und diplomatischen Verhandlungen erwiesen, wie sie es einst auf den Schlachtfeldern war. Diese dauerhafte Relevanz bezeugt die universellen Wahrheiten, die es über menschliche Natur, Führung und das Streben nach Zielen vermittelt.

Im Kern ist Die Kunst des Krieges weit mehr als nur ein Handbuch für militärische Taktiken – es ist eine Philosophie des strategischen Denkens. Sun Tzus Betonung von Vorbereitung, Anpassungsfähigkeit und kluger Informationsnutzung geht weit über militärische Anwendung hinaus. Seine Lehren drehen sich um die Idee, dass wahrer Sieg nicht in roher Gewalt liegt, sondern darin, Ziele mit möglichst wenig Konflikt und Störung zu erreichen. Diese Vorstellung findet gerade in der heutigen Welt großen Anklang, in der Wettbewerb, Verhandlung und Führung ein hohes Maß an Weitblick und Präzision erfordern.

Der Text hat die einzigartige Fähigkeit, Leser über Kulturen und Jahrhunderte hinweg anzusprechen. Für Militärstrategen bleibt Die Kunst des Krieges ein Grundpfeiler, der Lektionen über Timing, Disziplin und Ressourcenmanagement bietet. Für Wirtschaftsführer sind seine Strategien, den Wettbewerb ohne direkte Konfrontation zu überlisten, unersetzlich geworden. Politiker und Diplomaten greifen auf seine Prinzipien zurück, um komplexe Verhandlungen zu führen und Allianzen zu schmieden. Und selbst Menschen auf dem Weg zur persönlichen Weiterentwicklung finden Inspiration in seinen Lehren über Selbstkenntnis, Disziplin und die Bedeutung, sowohl sich selbst als auch die eigenen Herausforderungen zu verstehen.

Diese universelle Anziehungskraft entspringt Sun Tzus scharfem Verständnis für menschliches Verhalten und seiner Fähigkeit, komplexe Strategien in einfache, umsetzbare Prinzipien zu fassen. Er erkannte, dass der Schlüssel zum Erfolg im Gleichgewicht zwischen Stärke und Schwäche, Geduld und Dringlichkeit, Selbstvertrauen und Vorsicht liegt. Sein Rat – oft poetisch in seiner Einfachheit – ist ein Leitstern für all jene, die inmitten von Komplexität nach Klarheit suchen.

Vielleicht ist die beeindruckendste Dimension von Die Kunst des Krieges seine moralische Haltung. Sun Tzus Philosophie basiert nicht auf Aggression oder Zerstörung, sondern auf Harmonie und Effizienz. Er plädiert dafür, Ziele mit dem geringstmöglichen Schaden zu erreichen – sei es an den eigenen Ressourcen, dem eigenen Volk oder dem Gegner. Diese Ethik der Zurückhaltung, gepaart mit dem Fokus auf Vorbereitung und Weisheit, macht Die Kunst des Krieges zu einem Leitfaden nicht nur für das Gewinnen von Konflikten, sondern dafür, sie mit Ehre und Integrität zu bestreiten.

In einer Welt, die oft vom Wettbewerb geprägt scheint – ob im Geschäftsleben, in der Politik oder im privaten Alltag – bietet Die Kunst des Krieges eine Orientierungshilfe, um diese Herausforderungen mit Klarheit und Zielstrebigkeit zu meistern. Die Lehren dieses Werkes erinnern uns daran, dass Sieg nicht nur bedeutet, Gegner zu besiegen, sondern Bedingungen zu schaffen, unter denen Erfolg unvermeidlich ist. Der Fokus auf Strategie statt Kraft, Weisheit statt Leichtsinn, und Vorbereitung statt Improvisation sichert die zeitlose Relevanz von Sun Tzus Meisterwerk. Für die Leser dieser Ausgabe sind die Lehren aus Die Kunst des Krieges heute genauso kraftvoll wie damals, als sie erstmals auf Bambustafeln im alten China niedergeschrieben wurden.

Wer war Sun Tzu?

Sun Tzu, auch bekannt als Sun Wu, bleibt eine der rätselhaftesten Persönlichkeiten der Geschichte. Man nimmt an, dass er während der Frühlings- und Herbstperiode im alten China lebte (etwa 544–496 v. Chr.). Er war ein Militärgeneral, Stratege und Philosoph, dessen Lehren über Jahrtausende hinweg nachhallen. Auch wenn vieles über sein Leben von Mythen und Debatten umgeben ist, ist die nachhaltige Wirkung seiner Ideen unbestreitbar.

Laut Überlieferung diente Sun Tzu dem Staat Wu in einer Zeit intensiver

Konflikte zwischen rivalisierenden Königreichen. Sein militärisches Können soll ihm einen Platz am Hofe von König Helü eingebracht haben, wo er seine strategische Brillanz unter Beweis stellte und Die Kunst des Krieges verfasste. Diese Ära, geprägt von ständigen Kriegen und politischer Instabilität, bot den idealen Hintergrund für Sun Tzus Einsichten über Führung, Disziplin und den Sieg durch Intelligenz statt durch rohe Gewalt.

Was Sun Tzu von anderen militärischen Persönlichkeiten seiner Zeit unterscheidet, ist die philosophische Tiefe seiner Lehren. Während sich viele antike Strategen auf Taktiken auf dem Schlachtfeld konzentrierten, erforschte Sun Tzu die psychologischen und ethischen Dimensionen des Krieges. Seine Prinzipien beruhen auf dem Gleichgewicht gegensätzlicher Kräfte – Stärke und Schwäche, Handeln und Nicht-Handeln, Chance und Risiko. Diese Dualität spiegelt den Einfluss des Daoismus wider, der Harmonie mit der Natur und Anpassungsfähigkeit an Veränderungen betont.

Trotz seines militärischen Charakters ist Die Kunst des Krieges von Zurückhaltung und Pragmatismus durchdrungen. Sun Tzu sah den Krieg als ein Werkzeug, das nur im äußersten Notfall eingesetzt werden sollte. Er plädierte für Strategien, die Ressourcen schonen, Verluste minimieren und unnötige Zerstörung vermeiden. Diese Denkweise zeigt einen tiefen Respekt für die Verantwortung der Führung und die weitreichenden Folgen des Krieges.

Sun Tzus Philosophie betont außerdem die Bedeutung von Selbstkenntnis und Verständnis der Umwelt. Sein berühmter Leitsatz: „Kenne deinen Feind und kenne dich selbst – und du wirst in hundert Schlachten nicht gefährdet sein“ unterstreicht die zentrale Rolle von Wissen und Vorbereitung für den Erfolg. Diese Idee reicht weit über das Schlachtfeld hinaus und hat sich zu einem Grundprinzip in Bereichen wie Wirtschaft, Sport und persönlicher Entwicklung entwickelt.

Obwohl die Details von Sun Tzus Leben spärlich sind, hat sein Vermächtnis Raum und Zeit überwunden. Von der Antike Chinas bis in die moderne westliche Welt wurden seine Lehren von Generälen, Politikern, Unternehmern und Denkern aufgegriffen, die nach Orientierung in Fragen der Strategie und Führung suchten. Seine Fähigkeit, komplexe Ideen in klare, umsetzbare Prinzipien zu übersetzen, sorgt dafür, dass Die Kunst des Krieges auch heute noch neue Generationen inspiriert und lehrt.

Sun Tzus Einfluss geht weit über den Text selbst hinaus – er hat unsere gesamte Denkweise über Strategie, Führung und Entscheidungsfindung mitgeprägt. Er fordert uns auf, über den unmittelbaren Konflikt hinauszublicken und die langfristigen Auswirkungen unseres Handelns zu bedenken. Damit hat er nicht nur die Kunst des Krieges geprägt, sondern auch die Kunst, mit Weisheit und Zielstrebigkeit zu leben.

Die historische Reise des Textes

Die Kunst des Krieges hat im Laufe der Geschichte eine bemerkenswerte Reise hinter sich – von ihren Ursprüngen im alten China bis hin zu einem der einflussreichsten Werke der Weltliteratur. Ihre Verbreitung ist ein Beweis für ihre universelle Bedeutung, da sie über Jahrhunderte und Kulturen hinweg interpretiert, angepasst und angewandt wurde.

Der Text entstand zur Zeit der östlichen Zhou-Dynastie, während der Frühlings- und Herbstperiode (770–476 v. Chr.) – eine Epoche, die durch politische Zersplitterung und ständige Kriege zwischen rivalisierenden Staaten geprägt war. Diese chaotischen Umstände boten den idealen Nährboden für strategisches Denken, und Sun Tzus Werk gewann schnell an Bedeutung als Leitfaden, um sich in dieser unbeständigen Welt zurechtzufinden.

Über Jahrhunderte hinweg blieb Die Kunst des Krieges ein unverzichtbares Handbuch für chinesische Generäle und Staatsmänner. Seine Prinzipien wurden während der Zeit der Streitenden Reiche (475–221 v. Chr.) intensiv studiert und angewandt, ebenso während der Einigung Chinas unter der Qin-Dynastie. Doch der Einfluss des Werkes ging weit über den militärischen Bereich hinaus – es beeinflusste auch Regierung, Diplomatie, Ressourcenmanagement, Allianzen und die Stabilität im Innern.

Die Bewahrung und Verbreitung des Textes war dem unermüdlichen Einsatz chinesischer Gelehrter zu verdanken. Während der Tang- und Song-Dynastie wurde Die Kunst des Krieges Teil der kaiserlichen Beamtenprüfungen, wodurch seine Lehren tief im Denken zukünftiger Führungskräfte verankert wurden. Kommentatoren fügten ihre eigenen Interpretationen hinzu, entwickelten Sun Tzus Ideen weiter und passten sie an neue Kontexte an.

Den ersten großen Schritt über die Grenzen Chinas hinaus machte der Text im 18. Jahrhundert – dank Joseph-Marie Amiot, einem Jesuitenmissionar, der ihn ins Französische übersetzte. Seine Übersetzung, die 1772 abgeschlossen wurde, machte europäische Leser erstmals mit Sun Tzus Weisheiten vertraut und markierte den Beginn seines globalen Einflusses. Amiot präsentierte Die Kunst des Krieges als philosophische Abhandlung statt als reines Militärhandbuch, was bei Denkern der Aufklärung großen Anklang fand, die darin Relevanz für Politik, Diplomatie und menschliches Verhalten erkannten.

Von Europa aus verbreitete sich der Text weiter und wurde in zahlreiche Sprachen übersetzt – darunter Englisch, Deutsch und Japanisch. Jede Übersetzung brachte dabei eine eigene kulturelle Perspektive ein und hob unterschiedliche Aspekte von Sun Tzus Lehre hervor. In Japan beispielsweise fand das Werk starken Widerhall in der Samurai-Kultur und dem Ehrenkodex des Bushidō, was seine Grundsätze von Ehre, Disziplin und strategischer Weitsicht zusätzlich festigte.

Im 20. Jahrhundert erlebte Die Kunst des Krieges eine neue Blüte als Inspirationsquelle für Führungskräfte in Wirtschaft, Sport und Persönlichkeitsentwicklung. Seine Lehren über Vorbereitung, Anpassungsfähigkeit und das Verständnis von Gegnern wurden zu zentralen Werkzeugen in kompetitiven Umgebungen. Vom General im Zweiten Weltkrieg bis zum heutigen CEO – viele führende Persönlichkeiten schreiben Sun Tzu die Formung ihrer Strategien zu.

Heute fasziniert Die Kunst des Krieges Leser auf der ganzen Welt. Ihre Wandlungsfähigkeit sorgt dafür, dass sie auch in einer sich rasant verändernden Welt relevant bleibt – in einer Zeit, in der strategisches Denken, Führungskompetenz und kluge Entscheidungsfindung wichtiger denn je sind. Die Geschichte dieses Textes unterstreicht die erstaunliche Beständigkeit von Sun Tzus Weisheit und ihre Fähigkeit, die Grenzen von Zeit, Kultur und Anwendung zu überschreiten.

Wer sich mit dieser Ausgabe auf eine eigene Reise durch Die Kunst des Krieges begibt, reiht sich ein in eine jahrtausendealte Tradition – verbunden mit einem Text, der einige der größten Denker und Führer der Geschichte geleitet und inspiriert hat.

Über diese Ausgabe und ihre besonderen Merkmale

Diese Ausgabe von Die Kunst des Krieges ist das Ergebnis einer sorgfältigen und durchdachten Arbeit, die darauf abzielt, Sun Tzus zeitlose Weisheiten für moderne Leser zugänglich zu machen, ohne dabei die Tiefe und Nuancen des Originals zu verlieren. Aufbauend auf der französischen Übersetzung des 18. Jahrhunderts von Joseph-Marie Amiot wurde dieses Werk von Nathan Cole neu übersetzt und in enger redaktioneller Zusammenarbeit mit Timeless Lore an die Erwartungen heutiger Leser angepasst.

Was diese Ausgabe besonders macht, ist ihr doppeltes Ziel: Zugänglichkeit und Authentizität. Die Sprache wurde modernisiert, um Klarheit und Verständlichkeit zu gewährleisten, doch gleichzeitig wurde großer Wert darauf gelegt, die philosophische Tiefe und den praktischen Nutzen von Sun Tzus Lehren vollständig zu bewahren. Das Ziel ist es, eine Version zu schaffen, die heutige Leser anspricht – Führungskräfte, Strategen und Denker –, ohne die Essenz von Sun Tzus ursprünglicher Stimme zu verlieren.

Ein herausragendes Merkmal dieser Ausgabe ist die durchdachte Integration von Anmerkungen im gesamten Text. Diese liefern wertvollen Kontext, erklären kulturelle Bezüge, historische Hintergründe und philosophische Begriffe, die modernen Lesern möglicherweise fremd sind. Wenn Sun Tzu beispielsweise auf Konzepte wie Dao (der Weg) oder Tian (der Himmel) verweist, gehen die Anmerkungen auf deren Bedeutung in der altchinesischen Weltanschauung ein und helfen dem Leser, die dahinterliegenden Ideen besser zu verstehen. Diese zusätzliche Erklärungsebene bereichert das Leseerlebnis und sorgt dafür, dass der Text sowohl zugänglich als auch intellektuell ansprechend bleibt.

Jedes Kapitel wird ergänzt durch Interpretationen und Zusammenfassungen, die die zentralen Lehren des Textes in prägnante, umsetzbare Einsichten verdichten. Diese Abschnitte bilden eine Brücke zwischen Sun Tzus antiker Weisheit und ihrer Anwendung in der heutigen Welt – ob in Wirtschaft, Politik oder persönlicher Entwicklung. Anstatt den Leser mit der Interpretation des Textes allein zu lassen, bietet diese Ausgabe gezielte Hilfestellung, um die praktische Relevanz von Sun Tzus Strategien greifbar zu machen.

Neben Anmerkungen und Kapitelanalysen legt diese Ausgabe einen besonderen Fokus auf die praktische Anwendbarkeit von Sun Tzus Lehren. Sie zeigt, wie Strategien wie der gezielte Einsatz von Informationen, das Ausnutzen des richtigen Zeitpunkts und das Verständnis der Psychologie des

Gegners genutzt werden können, um reale Herausforderungen zu meistern. Ob es sich um Führungskräfte handelt, die ihre Teams inspirieren möchten, Unternehmer, die ihren Wettbewerb überlisten wollen, oder Einzelpersonen, die nach persönlichem Wachstum streben – diese Ausgabe bietet Werkzeuge und Beispiele, um Sun Tzus Prinzipien konkret umzusetzen.

Auch der Aufbau des Buches selbst zeigt die sorgfältige Berücksichtigung des heutigen Lesepublikums. Die Balance zwischen philosophischer Tiefe und praktischer Anwendbarkeit stellt sicher, dass das Buch sowohl für Einsteiger als auch für erfahrene Leser von Die Kunst des Krieges ansprechend ist. Es wurde als treuer Begleiter konzipiert – für alle, die Strategie nicht nur verstehen, sondern in ihrem Alltag anwenden möchten.

Durch die Kombination einer originalgetreuen Neuinterpretation mit modernen Einsichten bietet diese Ausgabe ein wirklich einzigartiges Leseerlebnis. Die Leser gewinnen nicht nur eine tiefere Wertschätzung für Sun Tzus Genie, sondern auch zeitlose Strategien für Erfolg in einer komplexen Welt. Diese Verbindung aus historischer Ehrfurcht und zeitgemäßer Relevanz macht diese Ausgabe zu einem wertvollen Beitrag im Erbe von Die Kunst des Krieges.

Die Kunst des Krieges ist mehr als ein Leitfaden für Strategie – es ist eine zeitlose Auseinandersetzung mit Führung, Anpassungsfähigkeit und Erfolg. Diese Ausgabe wurde so gestaltet, dass sie Sun Tzus Lehren mit Klarheit und Tiefe vermittelt – ergänzt durch Anmerkungen und Reflexionen zu jedem Kapitel, um seine Weisheit mit den Herausforderungen der modernen Welt zu verknüpfen.

Beim Lesen wirst du Erkenntnisse gewinnen, die seit Jahrhunderten führende Persönlichkeiten geprägt haben. Begegne dem Text mit Neugier und Offenheit – und lass dich von Sun Tzu dazu inspirieren, strategisch zu denken, klug zu handeln und deine Ziele zu erreichen.

Kapitel 1 – Pläne schmieden

Sun Tzu sagt:

Krieg ist von entscheidender Bedeutung für den Staat[1]. Er entscheidet über Leben und Tod, über Sicherheit oder Untergang. Deshalb muss er mit äußerstem Ernst studiert werden und darf unter keinen Umständen ignoriert werden. Kriegsführung nicht gründlich zu durchdenken bedeutet, das Wertvollste leichtfertig zu riskieren – etwas, das kein verantwortungsvoller Anführer je zulassen sollte.

Es gibt fünf grundlegende Prinzipien, die stets geprüft und sorgfältig bedacht werden müssen. So wie ein Meisterkünstler niemals seine Vision aus den Augen verliert und sich von allem inspirieren lässt, was er sieht und hört, so müssen auch wir ständig nach Wissen streben und alle verfügbaren Ressourcen nutzen, um im Krieg erfolgreich zu sein.

Wenn wir Sieg und Ruhm anstreben, müssen wir uns auf diese fünf Säulen konzentrieren: Dao, Tian, Di, Jiang und Fa.

1. **Dao (Der Weg)**[2] Stiftet Einheit in Denken und Ziel. Es weckt ein gemeinsames Bekenntnis zu Leben und Tod und verleiht den Menschen Mut und Entschlossenheit, sich Widrigkeiten und sogar dem Tod ohne Furcht zu stellen.

2. **Tian (Himmel)**[3] Steht für natürliche Kräfte wie Zeit, Jahreszeiten

---

[1] Im alten China war mit dem Begriff „Staat" nicht nur ein politisches Gebilde gemeint, sondern auch ein Spiegelbild der Harmonie zwischen Himmel (Tian), Erde (Di) und der moralischen Integrität des Herrschers. Krieg galt als ein Mittel, um dieses Gleichgewicht zu bewahren oder wiederherzustellen.

[2] Dao ist ein zentrales Konzept der chinesischen Philosophie, insbesondere im Daoismus. Es steht für die natürliche Ordnung des Universums und den moralischen Weg, dem man folgen muss, um im Einklang mit dieser Ordnung zu leben. In diesem Zusammenhang betont Dao die Einheit und das gemeinsame Ziel des Volkes und stärkt so Disziplin und Widerstandskraft im Krieg.

[3] Tian steht im altchinesischen Denken für die kosmische Ordnung – es umfasst Zeit, Wetter und natürliche Zyklen. Seine Erwähnung unterstreicht, wie wichtig es war, menschliches Handeln mit den Kräften der Natur abzustimmen, da Jahreszeiten und Wetter einen enormen Einfluss auf die Kriegsführung hatten.

sowie das Zusammenspiel von **Yin und Yang**[4]. Wer diese Prinzipien versteht, erkennt, wie sich alles in der Natur formt und wandelt – wie Hitze und Kälte, klarer Himmel und Stürme entstehen. Wer seine Strategien im Einklang mit der Natur plant, nutzt die Kraft von Yin und Yang zu seinem Vorteil.

3. **Di (Erde)**[5] Oder Raum, ist ebenso entscheidend. Wer das Gelände studiert, versteht den Unterschied zwischen hohem und tiefem Terrain, nahen und fernen Distanzen, breiten und engen Wegen sowie stabilen und instabilen Positionen. Dieses Wissen ist unerlässlich, um sich effektiv auf dem Schlachtfeld zu bewegen.

4. **Jiang (Führung)**[6] Bezieht sich auf die Eigenschaften eines Kommandeurs. Ein Anführer muss gerecht, mitfühlend – besonders gegenüber seinen Truppen – und von Liebe zur Menschlichkeit erfüllt sein. Er muss Wissen, Mut, strenge Disziplin und unerschütterliche Entschlossenheit besitzen. Diese Tugenden kennzeichnen wahre Führungsqualität und sind unerlässlich, um mit Autorität und Würde zu befehlen.

5. **Fa (Disziplin)**[7] Ist das Fundament militärischer Organisation. Dazu gehört die Fähigkeit, Truppen strategisch anzuordnen, Hierarchien und Unterordnungen durchzusetzen, klare Rollen zuzuweisen und verschiedene Wege zum selben Ziel zu erkennen. Kein Detail, so klein es auch sein mag, darf der Aufmerksamkeit des Generals entgehen. Die Beherrschung dieser Disziplinen ist unerlässlich für

---

[4] Yin und Yang sind die dualen Prinzipien der chinesischen Kosmologie, die sich gegenseitig ergänzen. Yin steht für Dunkelheit, Passivität und Kälte, während Yang Licht, Aktivität und Wärme symbolisiert. Ihr Gleichgewicht ist entscheidend, um die Dynamik von Natur und Krieg zu verstehen.

[5] Di bezeichnet die physische Geografie – also das Gelände und seine Beschaffenheit. Die Strategien antiker Feldherren basierten stark auf der Kenntnis des Geländes: Wer hohe Positionen, enge Pässe oder gut zu verteidigende Orte kontrollierte, hatte einen entscheidenden Vorteil.

[6] Jiang beschreibt die Eigenschaften eines Generals oder Anführers. In der konfuzianischen Lehre basiert Führung auf moralischer Tugend (Ren), Gerechtigkeit und Pflichtbewusstsein. Die Integrität eines Anführers war entscheidend, um die Loyalität seiner Truppen zu gewinnen und sie effektiv zu führen.

[7] Fa umfasst sowohl die strikte Durchsetzung militärischer Regeln als auch die übergeordnete Organisation der Armee. Es steht für die hierarchischen und strukturellen Systeme, die nötig sind, um große Truppenverbände zu führen und inmitten des Chaos den Überblick zu behalten.

den Erfolg.

Wenn du, vom Herrscher mit der Führung von Armeen betraut, deine Strategie auf diesen fünf Prinzipien aufbaust, wird dir der Sieg folgen. Vernachlässigst oder ignorierst du sie jedoch aus Unwissenheit oder Arroganz, ist Niederlage unvermeidlich – und sie wird eine Quelle großer Schande sein.

Beherrschst du diese Prinzipien, wirst du auch in der Lage sein, die Herrscher und Generäle dieser Welt richtig einzuschätzen.

Du wirst erkennen, welche Führer mit Weisheit und Tugend regieren und welche Kommandeure wirklich Größe besitzen. Mit diesem Wissen kannst du den wahrscheinlichen Sieger jedes Konflikts realistisch vorhersagen. Und wenn du selbst in den Kampf ziehst, wirst du dies mit dem Vertrauen tun, dass du in der Lage bist zu siegen.

Diese Einsichten ermöglichen es dir auch, die günstigsten Momente zu ergreifen—jene Zeiten, **in denen Tian (der Himmel) und Di (die Erde)**[8] im Einklang stehen—um deine Truppen zu entsenden und ihre Bewegungen zu bestimmen.

Du wirst dafür sorgen, dass jede Kampagne zum richtigen Zeitpunkt beginnt und endet, niemals unpassend oder außerhalb der Saison.

Du wirst sowohl die Stärken und Schwächen deiner eigenen Streitkräfte als auch die deines Gegners durchschauen.

Du wirst dir über Menge und Zustand der Vorräte beider Armeen im Klaren sein und weise Entscheidungen über Belohnungen und Strafen treffen. Großzügigkeit und Disziplin müssen Hand in Hand gehen, wenn du die Loyalität und Schlagkraft deiner Truppen aufrechterhalten willst.

Die Offiziere unter deinem Befehl, bewundernd deine Tugenden und Fähigkeiten, werden dir nicht nur aus Pflicht, sondern auch mit Freude dienen.

---

[8] Die Harmonie zwischen Tian und Di symbolisiert das Zusammenspiel von richtiger Zeit, geeignetem Gelände und menschlichem Handeln. Dieses Konzept betont, dass militärisches Handeln sowohl den natürlichen Gegebenheiten als auch der konkreten Lage auf dem Schlachtfeld folgen muss.

Sie werden deine Vision übernehmen, und durch ihr Vorbild werden auch die Untergebenen motiviert sein. Selbst einfache Soldaten werden all ihre Kraft aufwenden, um deinen größten Erfolg möglich zu machen.

Geschätzt, respektiert und geliebt von den Deinen, werden sich auch benachbarte Völker freudig unter die Banner des Fürsten stellen, dem du dienst—sei es, um unter seinen Gesetzen zu leben oder einfach nur, um seinen Schutz zu genießen.

Wenn du ebenso klar erkennst, was du tun kannst und was nicht, wirst du niemals ein Unterfangen beginnen, das nicht erfolgreich abgeschlossen werden kann.

Du wirst mit der gleichen Klarheit sehen, was in der Ferne geschieht, wie das, was direkt vor deinen Augen liegt—und umgekehrt.

Du wirst die Unzufriedenen auf die eigene Seite ziehen, indem du von der Zwietracht unter deinen **Feinden profitierst—nicht sparend an Versprechungen, Geschenken oder Belohnungen**[9].

Wenn deine Feinde stärker und mächtiger sind als du, greife sie nicht an; vermeide sorgfältig alles, was zu einem offenen Gefecht führen könnte; verschleiere deine Lage stets mit größter Vorsicht.

Es wird Zeiten geben, in denen du dich demütig zeigst, und andere, in denen du Angst vorspielst. Manchmal wirst du Schwäche vortäuschen, damit deine Feinde—verzehrt von Selbstüberschätzung und Stolz—dich unklug angreifen oder in eine Falle tappen und schändlich niedergemacht werden. Sorge dafür, dass Schwächere niemals deine wahren Absichten durchschauen. Halte deine Truppen stets wachsam, in Bewegung und beschäftigt, um sie nicht durch schändliche Untätigkeit zu schwächen.

Wenn du den Wert meiner Strategien erkennst, dann schaffe die Voraussetzungen, unter denen sie erfolgreich umgesetzt werden können.

Mit „Voraussetzungen“ meine ich die Fähigkeit des Generals, klug zu

---

[9] Diese Praxis steht im Einklang mit der Strategie, Uneinigkeit innerhalb der gegnerischen Reihen zu fördern. Indem man auf den Eigennutz einzelner Personen abzielt, kann man die Einheit des Feindes untergraben und neue Verbündete gewinnen.

handeln, Entscheidungen auf das zu stützen, was von Vorteil ist, und dadurch die Kontrolle über das Kräfteverhältnis zu erlangen.

Jeder Feldzug muss auf Täuschung basieren. Täusche Unordnung vor, um den Feind in die Irre zu führen; locke ihn mit Ködern in Fallen; simuliere Schwäche, um seine Arroganz zu fördern; und provoziere seinen Zorn, um ihn in Verwirrung zu stürzen. Lass seine Gier ihn dazu verleiten, unüberlegt vorzurücken—nur damit er an deinen vorbereiteten Verteidigungen zerschellt.

Bereite dich schnell vor, wenn sich der Feind sammelt. Wo er stark ist, meide den direkten Konflikt. Stattdessen verstricke ihn in unlösbare Probleme, erschöpfe ihn durch Distanz und zermürbe ihn durch Zeit. Stärke deine Position, indem du im Ausland Bündnisse schmiedest und im Inland Stabilität sicherst—etwa durch Gesetze, die **Soldaten-Bauern unterstützen**[10].

Es ist töricht und bedauerlich, alles auf eine einzige Schlacht zu setzen, langfristige Strategie zu vernachlässigen und das Schicksal eines ganzen Feldzugs einem einzigen entscheidenden Kampf zu überlassen.

Wenn der Feind geeint ist, finde Wege, ihn zu spalten. Greife an, wo er unvorbereitet ist, und schlage zu, wenn er es am wenigsten erwartet. Dies sind die Schlüssel zum Sieg, aber das richtige Timing ist entscheidend—handle nie zu früh.

Jeder Kommandant sollte über die **Berechnungen nachdenken, die vor Beginn der Feindseligkeiten im Tempel**[11] angestellt wurden. Diese Einschätzungen sind Maßstäbe für den möglichen Erfolg: Sie deuten auf Sieg hin, wenn sie zeigen, dass deine Stärke der des Feindes überlegen ist; sie warnen vor Niederlage, wenn sie Schwäche offenbaren.

---

[10] In der Antike bildeten Soldaten-Bauern eine wichtige gesellschaftliche Klasse. Sie vereinten landwirtschaftliche Arbeit mit militärischem Dienst. Ihre Unterstützung garantierte eine stabile Nahrungsversorgung und eine loyale, disziplinierte Streitkraft.

[11] Vor einem Feldzug hielten Herrscher und Generäle in Tempeln Wahrsagungen und strategische Planungen ab. Diese Rituale verbanden spirituelle Führung mit pragmatischer Kriegsbeurteilung und zeigen, wie eng Religion und Strategie in der altchinesischen Kultur miteinander verwoben waren.

Verstehe: **Sieg kommt aus sorgfältiger Planung und Berechnung**[12]. Unzureichende Vorbereitung führt zum Scheitern. Wie kann man erwarten zu gewinnen, wenn man überhaupt keine Berechnungen angestellt hat?

Das ist die Methode, mit der ich die Lage analysiere—und durch sie wird der Ausgang klar.

[12] Dies unterstreicht ein zentrales Thema in Die Kunst des Krieges: Erfolg basiert nicht auf Glück oder roher Gewalt, sondern auf sorgfältiger Vorbereitung, fundiertem Wissen und strategischem Denken.

Analyse von Kapitel 1

Kapitel 1 von Die Kunst des Krieges ist wie das Fundament eines Hauses – darauf baut alles andere auf. Sun Tzu beginnt, indem er uns daran erinnert, wie ernst Krieg ist. Es geht nicht nur darum, Schlachten zu gewinnen oder zu verlieren – es geht ums Überleben. Für einen Staat kann Krieg über Leben oder Tod, Sicherheit oder Untergang entscheiden. Deshalb kann man sich nicht einfach auf sein Bauchgefühl verlassen. Man muss sich vorbereiten, planen und jede Entscheidung gut durchdenken.

Er führt fünf zentrale Ideen ein – oder „Säulen" –, auf die man sich konzentrieren muss, um im Krieg erfolgreich zu sein: Dao (Der Weg), Tian (Himmel), Di (Erde), Jiang (Führung) und Fa (Disziplin). Jede dieser Säulen erfüllt eine einzigartige Funktion:

- **Dao** bedeutet, alle auf ein gemeinsames Ziel einzuschwören, Einheit zu schaffen und Menschen zu inspirieren, gemeinsam für ein höheres Ziel zu arbeiten.
- **Tian** lehrt uns, mit der Natur und dem richtigen Timing zu arbeiten – also Dinge wie Jahreszeiten, Wetter und das Gleichgewicht von Yin und Yang (gegenläufige Kräfte, die die Welt formen) zu verstehen.
- **Di** bezieht sich auf das Schlachtfeld – das Gelände zu kennen und es zu seinem Vorteil zu nutzen.
- **Jiang** beschreibt, was eine gute Führungskraft ausmacht: Gerechtigkeit, Mut, Disziplin und Fürsorge für die eigenen Leute.
- **Fa** ist der praktische Teil der Kriegsführung – also Struktur, Strategie und Ordnung im Heer.

Sun Tzu betont außerdem, dass es im Krieg nicht nur auf rohe Gewalt ankommt. Man muss den Gegner überlisten. Deshalb ist Täuschung so wichtig. Tu so, als wärst du schwach, wenn du stark bist. Lass deinen Feind glauben, du seist woanders. Locke ihn in eine Falle. Der Sieg hängt nicht davon ab, wie oft du zuschlägst, sondern ob du zur richtigen Zeit am richtigen Ort zuschlägst.

Er macht auch klar: Du musst vorbereitet sein. Planung und

Vorausberechnung sind entscheidend. Wenn du dich selbst kennst – deine Stärken und Schwächen – und deinen Feind kennst, wirst du immer gewinnen. Aber wenn du über beides keine Ahnung hast, bereitest du deinen eigenen Untergang vor.

Sun Tzu warnt auch davor, Kriege in die Länge zu ziehen. Langwierige Konflikte kosten Ressourcen, zerstören die Moral und schaden deinem Volk. Die beste Strategie ist es, den Krieg schnell und effizient zu beenden. Und wenn du sogar ohne zu kämpfen siegen kannst – dann ist das der höchste Sieg.

Zentrale Lehren aus Kapitel 1

Hier sind die wichtigsten Erkenntnisse aus Kapitel 1:

1. **Krieg ist eine ernste Angelegenheit:** Es geht ums Überleben – also braucht es kluge Planung und Vorbereitung.

2. **Einheit und Führung zählen:** Dein Team muss dir vertrauen und deine Vision teilen. Als Anführer musst du inspirieren, leiten und Disziplin durchsetzen.

3. **Anpassen und täuschen:** Flexibilität ist entscheidend, und Täuschung kann dir oft den entscheidenden Vorteil verschaffen.

4. **Vorbereitung ist alles:** Der Schlüssel zum Sieg liegt darin, dich selbst, deinen Feind und deinen Plan genau zu kennen.

5. **Verschwende keine Ressourcen:** Ein endloser Krieg hilft niemandem. Effizienz ist essenziell.

6. **Der beste Sieg kommt ohne Kampf:** Wenn du deine Ziele mit Strategie und Diplomatie erreichst, hast du wirklich gewonnen.

Zusammengefasst

Kapitel 1 ist ein Meisterkurs in Vorbereitung und Strategie. Sun Tzu macht klar, dass Krieg nicht nur mit Waffen, sondern vor allem mit dem Verstand geführt wird. Wahre Stärke liegt in Führung, Planung und dem tiefen Verständnis von Natur und menschlichem Verhalten. Und wenn du deine Karten richtig spielst, kannst du siegen, ohne je ein Schwert zu ziehen.

Kapitel 2 – Kriegführen

Sun Tzu sagt:

Stell dir vor, du beginnst einen Feldzug mit einer Armee von **einhunderttausend Soldaten**[13], gut ausgestattet mit Waffen, Vorräten und allem, was für den Krieg nötig ist. **Du verfügst über zweitausend Streitwagen**[14]**:** eintausend davon sind für schnelle Gefechte ausgelegt, die anderen eintausend dienen dem Nachschubtransport. In einem Umkreis von hundert Li um deinen Standort herum gibt es ausreichend Vorräte, um deine Truppen zu versorgen.

Du stellst sicher, dass alles, was zur Reparatur von Waffen und Streitwagen nötig ist, mitgeführt wird. **Handwerker und anderes nicht kämpfendes Personal**[15] reisen entweder voraus oder folgen dicht hinter den Truppen, um jederzeit einsatzbereit zu sein. Alles, was für Feldzüge in fremdes Gebiet erforderlich ist – insbesondere die für den Krieg bestimmten Werkzeuge – muss vor Witterungseinflüssen geschützt und gegen Pannen gesichert sein.

Zudem hast du eintausend Unzen Silber bereitgestellt, um deinen Soldaten täglich ihren Sold pünktlich und zuverlässig auszuzahlen. Mit diesen Vorbereitungen kannst du mit Zuversicht gegen den Feind marschieren. Gut gerüstet wird der Angriff zur reibungslosen, entschlossenen Handlung.

Ich sage noch mehr: Zögere nicht, den Feind zu bekämpfen. Lass nicht zu, dass deine Waffen verrosten oder deine Klingen ihre Schärfe verlieren. Der Sieg muss immer das oberste Ziel im Krieg bleiben.

---

[13] Die antiken chinesischen Armeen waren oft riesig und umfassten Zehntausende von Soldaten. Das spiegelt den Umfang der Kriegsführung in der Zeit der Streitenden Reiche (475–221 v. Chr.) wider. Der logistische Aufwand für eine solche Streitmacht war gewaltig – einschließlich der Versorgung mit Lebensmitteln, Ausrüstung und Personal.

[14] Streitwagen waren ein zentrales Element der antiken chinesischen Kriegsführung, besonders während der Zhou-Dynastie. Leichtere Streitwagen wurden für schnelle Angriffe eingesetzt, während schwerere für den Transport von Vorräten und Waffen dienten. Zur Zeit Sun Tzus nahm ihre Bedeutung jedoch ab, da Infanterie und Kavallerie zunehmend bevorzugt wurden.

[15] In der antiken Kriegsführung waren Armeen stark auf unterstützendes Personal angewiesen – darunter Schmiede, Zimmerleute und Köche. Diese Menschen hielten die Waffen instand, reparierten Streitwagen und sorgten dafür, dass das Heer auch während längerer Feldzüge einsatzfähig blieb.

Wenn du beabsichtigst, eine Stadt zu erobern, dann handle schnell. Lege unverzüglich Belagerung an und fokussiere all deine Kräfte auf diesen entscheidenden Moment. Zögern oder fehlende Entschlossenheit verlängern den Feldzug – mit möglicherweise katastrophalen Folgen.

Die Staatskasse deines Herrschers wird erschöpft. Deine Waffen, vernachlässigt und rostend, werden unbrauchbar. Die Moral deiner Soldaten sinkt, ihr Mut und ihre körperliche Stärke schwinden, deine Vorräte gehen zur Neige. Im schlimmsten Fall findest du dich in völliger Verzweiflung wieder.

Wenn deine Feinde die Schwäche deines Heeres erkennen, werden sie mit neuer Kraft angreifen und dich vernichtend schlagen. Selbst wenn dein Ruf bis dahin groß war – ein solcher Fehler wird deinen Namen beschmutzen.

Der Ruhm vergangener Siege wird durch diesen letzten, verheerenden Fehlschlag überschattet. Selbst das Strahlen deiner früheren Taten wird durch die Schwere dieser Niederlage ausgelöscht.

Ich wiederhole: Man kann ein Heer nicht über längere Zeit im Feld halten, ohne dem Staat schweren Schaden zuzufügen und den eigenen Ruf zu ruinieren. **Langwierige Feldzüge zehren Ressourcen auf**[16], schwächen die Moral und bringen weitreichendes Leid.

Wer die Prinzipien der Kriegsführung wirklich versteht, erzielt den Sieg bereits im ersten Feldzug. Solche Menschen vergeuden keine Zeit oder Mittel durch wiederholte Operationen und belasten ihren Staat nicht mit den Kosten einer jahrelangen Kriegsführung. **Sie versorgen ihre Truppen durch die Ressourcen des Feindes**[17] und entlasten den eigenen Staat von der erdrückenden finanziellen Bürde, Vorräte über große Entfernungen zu transportieren.

Du musst begreifen – und dir dessen stets bewusst sein: Nichts erschöpft ein

---

[16] Lange Kriege waren besonders verheerend für Agrarwirtschaften wie das alte China, da die Arbeitskräfte aus Bauernfamilien rekrutiert wurden. Solche ausgedehnten Feldzüge unterbrachen die landwirtschaftlichen Zyklen, was zu Hungersnöten und wirtschaftlichem Zusammenbruch führen konnte.

[17] Diese Strategie, oft als „vom Land leben" bezeichnet, bestand darin, durch Plünderung oder Nutzung feindlicher Vorräte die eigene Logistik zu entlasten. Sie spiegelt Sun Tzus Betonung von Effizienz in der Kriegsführung wider.

Königreich so sehr wie die Kosten der Logistik. Ob ein Heer in Grenznähe oder tief im feindlichen Land agiert, das Volk leidet. Die Preise für Grundbedürfnisse steigen rasant, Waren werden knapp, selbst wohlhabende Familien kämpfen ums tägliche Auskommen.

Der Herrscher wird gezwungen, hohe Steuern zu erheben und nimmt einen größeren Anteil von jedem Haushalt. Das führt zu allgemeiner Not, die sich von den Städten bis auf das Land ausbreitet. Bauern müssen sieben Zehntel ihrer Ernte abgeben – ihnen selbst bleibt kaum etwas. Auch der Herrscher bleibt nicht verschont – seine Waffenkammern leeren sich, Helme, Pfeile, Bögen, Schilde, Streitwagen, Lanzen und Wurfspeere schwinden. Selbst die Pferde und Ochsen, die die königlichen Felder pflügen, sterben dahin. Die Staatsausgaben werden drastisch gekürzt – sechzig Prozent der normalen Ausgaben werden gestrichen, nur um das Heer am Leben zu erhalten.

Um all das zu verhindern, setzt ein kluger General alles daran, den Krieg so kurz wie möglich zu halten. Er lässt keine Mühe ungenutzt, um die Dauer des Krieges zu verkürzen. Er versorgt sein Heer durch feindliche Ressourcen oder – wenn nötig – beschafft Vorräte im Ausland, selbst wenn dies mit Silber bezahlt werden muss.

Hat das feindliche Lager ein Maß an Getreide, so muss dein Lager zwanzig Maße haben. Haben sie hundertzwanzig Pfund Futter für ihre Pferde, musst du zweitausendvierhundert Pfund für deine bereitstellen. Nutze jede Gelegenheit, die Nachschubwege deines Feindes zu stören, schwäche ihn Schritt für Schritt und bringe ihn zu Fehlern. Versuche, ihn in Fallen zu locken, seine Truppen durch Ablenkungen zu schwächen, Hinterhalte zu legen, Versorgungskonvois, Ausrüstung und alles, was deinem Heer von Nutzen sein kann, zu erbeuten.

Wenn deine Truppen mehr als zehn feindliche Streitwagen erbeuten, belohne die Anführer und Soldaten großzügig, die an der Operation beteiligt waren. Nimm die erbeuteten Streitwagen in deine Streitkräfte auf – **aber entferne zuvor jegliche Erkennungszeichen**[18], damit sie nicht mehr als feindliches

[18] Durch das Entfernen der Erkennungszeichen von erbeuteter feindlicher Ausrüstung – wie zum Beispiel Streitwagen – konnte die siegreiche Armee diese in ihre eigenen Reihen eingliedern, ohne deren Herkunft zu offenbaren. Gleichzeitig demoralisierte dies den Feind, der mitansehen musste, wie seine eigenen Mittel gegen ihn eingesetzt wurden.

Eigentum zu erkennen sind. Behandle sie wie deine eigenen und nutze sie, um deinen Vorteil im Feld auszubauen.

Behandle Kriegsgefangene mit Respekt[19]: Füttere sie wie deine eigenen Soldaten. Sorge dafür, dass sie unter deinem Kommando besser versorgt sind als in ihrem eigenen Lager oder ihrer Heimat. Lass sie nicht untätig bleiben – setze ihre Fähigkeiten mit angemessener Vorsicht ein. Im Wesentlichen: Behandle sie so, als hätten sie sich freiwillig deinem Heer angeschlossen. Das nenne ich einen Sieg, der zugleich zur Stärkung führt.

Wenn du diesen Rat genau befolgst, wird der Erfolg dir überallhin folgen. Du wirst jede Schlacht gewinnen, das Leben deiner Soldaten bewahren und die bestehenden Gebiete deiner Nation stärken, während du neue hinzufügst. Du wirst den Ruhm und das Ansehen deines Staates mehren. Sowohl der Herrscher als auch das Volk werden dir den Frieden und Wohlstand verdanken, der ihnen erlaubt, ihre Tage in Zufriedenheit zu leben.

Der Sieg liegt in entschlossenen Ergebnissen – nicht in endlosen Feldzügen.

Ein General, der die Kriegskunst meistert, wird zum Hüter des Schicksals seines Volkes[20] und zur entscheidenden Kraft, die über Sieg oder Niederlage bestimmt.

Was könnte mehr deine volle Aufmerksamkeit und deinen Einsatz verdienen?

---

[19] Eine gute Behandlung gefangener Soldaten verfolgte mehrere Ziele: Sie entmutigte Widerstand bei Kapitulationen, untergrub die Moral des Gegners und erlaubte es dem Sieger, fähige Individuen in die eigene Armee zu integrieren.

[20] Dies unterstreicht die enorme Verantwortung eines Generals. Seine Entscheidungen beeinflussen nicht nur den Ausgang von Schlachten, sondern auch das Wohlergehen des Volkes und die Stabilität des Staates.

Analyse von Kapitel 2

Kapitel 2 taucht tief in die praktischen Aspekte des Krieges ein. Sun Tzu spricht nicht nur über Strategie, sondern auch über die organisatorischen und logistischen Seiten des Krieges – wie Nachschub, Versorgung und die Moral der Truppen. Stell dir vor, du führst eine gewaltige Armee, mit Streitwagen, Waffen und Handwerkern. Das Erste, was Sun Tzu betont, ist Vorbereitung. Alles – vom Essen bis zu Reparaturmaterial – muss vorhanden sein. Ohne diese Grundlagen scheitert selbst die stärkste Armee.

Doch hier kommt der Wendepunkt: Sun Tzu warnt davor, die eigenen Ressourcen zu überdehnen. Er rät dringend davon ab, Feldzüge in die Länge zu ziehen, weil langwierige Kriege die Finanzen des Landes belasten, die Truppen erschöpfen und die Bevölkerung daheim leiden lassen. Wenn deine Armee zu lange im Feld bleibt, steigen die Preise, die Familien verarmen, und die Moral sinkt drastisch. Es geht also nicht nur um die Gefahr der Niederlage – es geht um das Risiko, dass dein eigener Staat zusammenbricht.

Stattdessen empfiehlt Sun Tzu, Feldzüge so kurz wie möglich zu halten. Ein wirksames Mittel? Die Ressourcen des Feindes nutzen, um die eigene Armee zu versorgen. Nimm ihre Vorräte, störe ihre Nachschublinien und schwäche sie – ohne deine eigenen Reserven zu verschwenden.

Er betont auch, wie wichtig es ist, Soldaten für ihre Erfolge zu belohnen – etwa beim Einfangen feindlicher Streitwagen – und Gefangene gut zu behandeln. So stärkst du deine eigene Truppe und säst gleichzeitig Furcht und Zweifel beim Feind.

Am Ende erinnert Sun Tzu daran, dass Sieg durch entschlossene Taten entsteht – nicht durch endlose Schlachten. Ein fähiger General weiß, dass ein schneller, kluger Sieg besser ist als ein zäher, blutiger Krieg. Und letztlich schützt diese Strategie nicht nur deine Armee, sondern sichert auch Frieden und Wohlstand für die Menschen, für die du kämpfst.

Wichtige Lehren aus Kapitel 2

1. Vorbereitung ist entscheidend: Erfolg im Krieg beginnt mit sorgfältiger Planung. Die Armee muss versorgt, ausgerüstet und unterstützt sein – bevor der Feldzug überhaupt beginnt.

2. Vermeide lange Feldzüge: Ein lang andauernder Krieg erschöpft Ressourcen, schwächt die Moral und schadet sowohl deiner Armee als auch deinem Staat. Schnelle, entschlossene Aktionen sind weitaus effektiver.

3. Nutze die Ressourcen des Feindes: Versorge deine Truppen mit den Vorräten des Gegners. Das entlastet dein eigenes Land und schwächt gleichzeitig deinen Feind.

4. Störe die Logistik des Feindes: Sabotiere ihre Nachschublinien, lenke sie ab, zwinge sie zu Fehlern und schwäche dadurch ihre Position.

5. Belohne und respektiere deine Truppen: Anerkenne die Leistungen deiner Soldaten und behandle Gefangene mit Würde. Eine starke, motivierte und disziplinierte Armee ist der Schlüssel zum Sieg.

6. Sieg hängt von Ergebnissen ab, nicht von der Zeit: Ziel des Krieges ist nicht, endlos zu kämpfen, sondern entschlossene Ergebnisse zu erzielen, die Frieden und Stabilität bringen.

7. Ein General trägt enorme Verantwortung: Ein General ist nicht nur Stratege, sondern auch Hüter des Schicksals seines Volkes. Seine Entscheidungen bestimmen, ob der Staat gedeiht oder untergeht.

Kurz gesagt

Kapitel 2 lehrt uns, Ressourcen klug zu nutzen und unnötige Risiken zu vermeiden. Sun Tzu sagt ganz klar: Kämpfe intelligenter, nicht härter. Plane sorgfältig, handle entschlossen und ziehe keinen Krieg länger in die Länge als nötig. Je effizienter und besser vorbereitet du bist, desto schneller kannst du den Sieg sichern und dein Volk beschützen.

Kapitel 3 – Angriff durch Strategie

Sun Tzu sagt:

Bevor du versuchst, Städte zu stürmen oder Schlachten zu gewinnen, musst du einige Grundsätze vollständig verinnerlichen:

Dein oberstes Ziel sollte es sein, die Besitztümer und Rechte **des Fürsten, dem du dienst, zu bewahren**[21]. Sie durch Angriff zu erweitern, sollte nur geschehen, wenn es absolut notwendig ist.

Der Frieden und die Stabilität der Städte in deinem eigenen Land müssen deine Priorität sein. Die Ruhe in feindlichen Städten zu stören, darf nur das letzte Mittel sein – wenn alle anderen Wege gescheitert sind.

Du musst freundliche Dörfer um jeden Preis vor Schaden bewahren. Erst wenn es nicht anders geht, darfst du feindliche Dörfer betreten.

Sogar der kleinste Schaden an den Häusern und Lebensgrundlagen der Bauern deines eigenen Volkes ist zu vermeiden. Dies ist ebenso wichtig wie die Verteidigung deines gesamten Territoriums. Die Zerstörung der landwirtschaftlichen Ressourcen des Feindes darf nur als äußerstes Mittel erfolgen.

Wo immer möglich, bewahre die Besitztümer deiner Feinde. Sie zu zerstören, ist nur dann gerechtfertigt, wenn keine andere Wahl bleibt. Ein General, der auf diese Weise handelt, zeigt höchste Tugend. Sein Verhalten steht im Einklang mit den Prinzipien von Himmel und Erde, deren natürliche Ordnung Schöpfung und Bewahrung fördert – nicht Zerstörung.

Wenn diese Grundsätze fest in deinem Herzen verankert sind, ist Erfolg garantiert.

Die beste militärische Strategie ist es, einen Staat unversehrt einzunehmen. Eine schlechtere Strategie ist, ihn zu zerstören.

---

[21] Bezieht sich auf den Herrscher oder Fürsten, dessen Interessen und Autorität der General zu schützen geschworen hat. Die Loyalität gegenüber dem Fürsten war ein zentrales Prinzip der alten chinesischen Philosophie und betonte die Harmonie zwischen dem Herrscher und seinen militärischen Führern.

Ebenso ist es besser, die feindliche Armee gefangen zu nehmen, als sie zu vernichten. Eine intakte Einheit zu erobern, ist wertvoller als sie auszulöschen.

Selbst wenn du hundert Schlachten schlagen musst, kannst du in jeder einzelnen den Sieg erringen.

Doch strebe nicht danach, deine Feinde ausschließlich durch Kampf zu besiegen. Manchmal führt das Streben nach dem „Besseren“ zu Schaden – und das Streben nach „mehr“ bringt dich dem Untergang näher.

Es ist weitaus besser, den Feind zu besiegen, ohne zu kämpfen. Je mehr du dich über bloßen Sieg erhebst, desto näher kommst du dem, was unvergleichlich und wirklich hervorragend ist.

Große Generäle erreichen dies, **indem sie alle Täuschungen des Feindes entlarven**[22]**,** seine Pläne vereiteln, Zwietracht in seinen Reihen säen, ihn in ständiger Unsicherheit halten, seinen Zugang zu externer Hilfe abschneiden und ihm jede günstige Gelegenheit nehmen.

Sun Tzu sagt: Das höchste Ziel im Krieg ist es, die Strategie des Feindes anzugreifen.

Diejenigen, die im Lösen von Problemen herausragend sind, tun dies, bevor die Probleme überhaupt entstehen.

Diejenigen, die den Sieg erringen, bevor der Feind reagieren kann, sind wahre Meister der Eroberung.

Greife die Pläne des Feindes an, sobald sie entstehen.

Zerbrich danach seine Bündnisse.

Erst danach solltest du seine Armee angreifen.

---

[22] Täuschung ist ein Grundpfeiler von Sun Tzus Philosophie. Sie umfasst das Verbreiten von Fehlinformationen, das Verbergen der wahren Absichten und das Schaffen von Verwirrung unter den Feinden. Diese Taktik gilt als eine Form psychologischer Kriegsführung.

Der schlechteste Weg ist es, befestigte Städte zu belagern[23]. Das solltest du nur tun, wenn alle anderen Optionen versagt haben.

Für eine Belagerung brauchst du mindestens drei Monate, um Streitwagen, Waffen und Ausrüstung vorzubereiten, und weitere drei Monate, um Rampen und Belagerungsgeräte zu bauen, um die Mauern zu durchbrechen.

Wenn du gezwungen bist, eine Stadt zu belagern, stelle sicher, dass alle Belagerungsmaschinen, Wagen und Schutzausrüstungen perfekt vorbereitet und einsatzbereit sind. Es ist entscheidend, dass die Belagerung nicht länger als drei Monate dauert. Wenn du dein Ziel in dieser Zeit nicht erreichst, hast du vermutlich Fehler gemacht. Finde sie sofort heraus und korrigiere sie.

Führe deine Truppen mit neuem Willen. Im Angriff verkörpere die Wachsamkeit, Aktivität, Leidenschaft und **Beharrlichkeit von Ameisen**[24].

Ich gehe davon aus, dass du bereits die nötigen Befestigungen gebaut, Wachttürme errichtet und alle Vorsichtsmaßnahmen getroffen hast, die dein Verstand vorhersehen konnte. Aber wenn du trotz dieser Vorkehrungen ein Drittel deiner Soldaten verlierst, ohne den Sieg zu erringen, dann war dein Angriff schlecht ausgeführt.

Ein fähiger General gerät nie in solche verzweifelten Situationen. Ohne direkten Kampf weiß er, wie er seine Feinde erniedrigt. Ohne Blut zu vergießen oder sein Schwert zu ziehen, kann er Städte einnehmen. Ohne fremden Boden zu betreten, weiß er, wie er Länder erobert, ohne lange Operationen. Ohne übermäßig viel Zeit an der Spitze seiner Armee zu verbringen, sichert er ewigen Ruhm für den Herrscher, dem er dient, schenkt seinem Volk Glück und bringt der Welt Frieden und Stabilität. Das ist das höchste Ziel, dem alle Militärführer ständig und unermüdlich nacheifern sollten.

---

[23] In Altchina waren Städte oft von gewaltigen Mauern umgeben, was ihre Eroberung äußerst schwierig machte. Eine Belagerung solcher Städte war zeitaufwendig und verbrauchte viele Ressourcen. Daher rät Sun Tzu, direkte Angriffe nur im äußersten Notfall zu führen.

[24] Ameisen dienen hier als Metapher für Disziplin, Organisation und unermüdlichen Einsatz. Diese Analogie unterstreicht, wie wichtig es ist, dass Soldaten geschlossen und ausdauernd handeln – selbst in langwierigen Einsätzen.

Dein Ziel sollte immer sein, ein Reich unversehrt zu erobern. So werden deine Truppen nicht erschöpft, und deine Siege sind vollständig. Das ist die Essenz einer siegreichen Strategie.

Du wirst mit unzähligen Situationen konfrontiert, und es ist unmöglich, sie alle vorherzusehen. Deshalb will ich keine vollständigen Anweisungen geben. Deine Einsicht und Erfahrung müssen dich leiten. Doch ich werde einige allgemeine Prinzipien nennen:

1. **Wenn du dem Feind zehn zu eins überlegen bist, umzingele ihn vollständig.** Lass ihm keinen Fluchtweg und verhindere jede Verstärkung.

2. **Wenn du fünfmal stärker bist, greife ihn an vier Seiten gleichzeitig an.**

3. **Wenn er halb so viele Truppen hat wie du, teile deine Armee in zwei Teile und greife ihn von beiden an.**

4. **Wenn ihr gleich stark seid, bereite dich auf eine direkte Schlacht vor – aber sei dir der Risiken bewusst.**

5. **Wenn du schwächer bist, sei ständig wachsam.** Schon der kleinste Fehler kann deine Niederlage bedeuten. Baue deine Position aus, vermeide direkte Konfrontation und halte durch. Die Disziplin und Ausdauer einer kleinen, entschlossenen Streitmacht kann selbst eine größere überwinden.

Der Kommandant einer Armee ist das Fundament für die Stabilität des Staates. Wenn er seine Rolle mit Exzellenz erfüllt, wird das Reich gedeihen. Wenn er jedoch nicht die notwendigen Qualitäten besitzt, wird das Reich leiden – vielleicht sogar untergehen.

Ein General kann dem Staat auf eine Weise dienen: durch erfolgreiche Führung. Doch wenn er die Tugenden nicht verkörpert, die seine Rolle verlangt, kann er dem Staat auf unzählige Arten schaden.

Erfolg erfordert große Anstrengung, Mut und ständige Vorsicht. Ein einziger Fehler kann alles ruinieren – und die Möglichkeiten für Fehler sind zahlreich.

Wenn ein Kommandant zu früh Truppen aushebt, sie zu spät entsendet oder nicht weiß, wohin sie gehen sollen, ist eine Katastrophe unvermeidlich. Wenn er seine Truppen schlecht lagert, sie unnötig ermüdet oder grundlos zurückruft, schwächt er seine gesamte Streitmacht. Wenn er die Bedürfnisse seiner Soldaten nicht kennt, ihre früheren Berufe nicht versteht und ihre Stärken und Schwächen nicht erkennt, wird er nicht effektiv führen können.

Ein General, der sich nicht auf die Loyalität seines Volkes verlassen kann, Disziplin nicht durchsetzt oder unfähig ist, mit Klarheit und Entschlossenheit zu führen, ist zum Scheitern verurteilt. Zögern in entscheidenden Momenten ist eine tödliche Schwäche. Wenn er seine Soldaten nicht für ihre Opfer belohnt, sie Misshandlungen durch Offiziere aussetzt oder Konflikte unter seinen Anführern zulässt, untergräbt er das Fundament seiner Armee.

Ein solcher Kommandant wird seine Truppen lähmen, die Ressourcen seines Reiches verschwenden und sich selbst durch Inkompetenz in Schande stürzen.

Bei der Führung von Armeen gibt es sieben große Fehler, die du vermeiden musst:

1. Befehle vom Hof, die nur auf Launen des Fürsten beruhen.
2. Gesandte mit fehlender Kriegserfahrung, die Offiziere verwirren.
3. Vermischung ziviler Regeln mit militärischen Vorschriften.
4. Verwechslung der Strenge der Staatsführung mit der Flexibilität des Kommandos.
5. Geteilte Verantwortung, was zu unklarer Autorität führt.
6. Misstrauen und Verdächtigungen, die zu Chaos führen – und ein chaotisches Heer öffnet dem Feind das Tor zum Sieg.
7. Auf Befehle warten, selbst wenn schnelles Handeln nötig ist – das ist wie erst um Erlaubnis zu bitten, bevor man ein Feuer löscht. Wenn der Befehl kommt, ist nur noch Asche übrig.

Einige erwarten, dass man in jeder Angelegenheit einen Inspektor befragt – als könnte man ein Haus bauen, indem man jeden Passanten um Rat fragt. Solche Verzögerungen machen Fortschritt unmöglich!

Das ist meine Lehre:

Der Souverän hat die Macht, Generäle zu ernennen. Doch die Entscheidung über die Schlacht gehört dem General.

Ein weiser Herrscher wählt den richtigen Anführer, überträgt ihm volle Autorität – und vertraut ihm.

Um den Feind zu besiegen, müssen fünf Prinzipien beachtet werden:

1. Wissen, wann man kämpfen und wann man sich zurückziehen muss. Das richtige Timing ist entscheidend.

2. Wissen, wie man mit wenigen oder vielen Ressourcen je nach Lage umgeht. Flexibilität ist der Schlüssel.

3. Die Armee klug strukturieren und führen. **Mencius sagte**[25]: „Die passende Jahreszeit ist weniger wichtig als der Vorteil des Geländes – und dieser ist weniger wichtig als Harmonie im Volk."

4. Sich auf einen noch nicht sichtbaren Feind vorbereiten. Der vorsorgliche Anführer siegt, bevor die Gefahr erscheint.

5. Freiheit von Einmischung durch den Herrscher. Ein General braucht Autonomie, um für Ruhm und Erfolg des Staates zu kämpfen.

Der Sieg liegt im Meistern dieser fünf Prinzipien.

Kenne deinen Feind und dich selbst[26] – und du wirst in hundert Schlachten hundertmal siegen. Wenn du dich kennst, aber deinen Feind nicht, wirst du ebenso oft verlieren wie gewinnen. Wenn du weder dich noch deinen Feind kennst, wirst du jede Schlacht verlieren.

---

[25] Mencius (Mengzi), ein konfuzianischer Philosoph, sah die Harmonie unter den Menschen als Grundlage für Stabilität. Sun Tzu greift diese Weisheit auf und argumentiert, dass Moral und Einigkeit wichtiger seien als Gelände oder der richtige Zeitpunkt.

[26] Einer der bekanntesten Leitsätze von Sun Tzu – er bringt den Kern militärischer Intelligenz auf den Punkt. Wer sowohl die eigenen Stärken und Schwächen als auch die des Gegners kennt, hat die besten Voraussetzungen, um den Sieg zu erringen.

Analyse von Kapitel 3

Kapitel 3 von Die Kunst des Krieges konzentriert sich auf den Kern von Sun Tzus Strategie: Sieg ohne unnötige Zerstörung. Sun Tzu zeigt uns, dass das höchste Ziel darin besteht, zu bewahren, nicht zu vernichten. Ob es darum geht, das eigene Volk zu schützen, die Ressourcen des Feindes zu schonen oder langwierige Konflikte zu vermeiden – jede Entscheidung sollte darauf abzielen, Schaden zu minimieren und die eigenen Ziele zu erreichen. Das Kapitel betont, dass die beste Strategie darin besteht, den Feind zu besiegen, ohne überhaupt zu kämpfen. Dies kann erreicht werden, indem man seine Pläne angreift, seine Allianzen zerschlägt oder Unruhe in seinen Reihen stiftet – und zwar bevor es überhaupt zur Schlacht kommt. Wenn ein Kampf unvermeidlich ist, dann sollte er nur als letzte Option eingesetzt werden – mit Fokus auf Präzision, Effizienz und vermeidung langwieriger Feldzüge. Sun Tzu warnt zudem ausdrücklich vor Belagerungen, die teuer, langsam und für beide Seiten verheerend sind. Wenn es keine andere Wahl gibt, sind sorgfältige Vorbereitung und schnelles Handeln entscheidend, um unnötige Verluste zu vermeiden. Zum Schluss richtet sich das Kapitel auf das Thema Führung. Die Aufgabe eines Generals beschränkt sich nicht nur auf Strategie – er muss die Bedürfnisse seiner Truppen verstehen, Disziplin wahren und sich an veränderte Umstände anpassen. Sun Tzu warnt vor den vielen Wegen, auf denen ein Befehlshaber scheitern kann: sei es durch schlechte Planung oder durch übermäßige Abhängigkeit von Befehlen von oben. Ein erfolgreicher General braucht Handlungsfreiheit, um entschlossen und klug reagieren zu können.

Zentrale Lektionen aus Kapitel 3

1. **Bewahrung vor Zerstörung:** Vermeide unnötigen Schaden an deinem eigenen Land, deinen Ressourcen und deinem Volk. Selbst im Feindesland sollte Zerstörung nur aus Notwendigkeit erfolgen. Was du bewahrst, kannst du langfristig für dich nutzen.

2. **Sieg ohne Kampf:** Die besten Generäle besiegen ihre Gegner durch Strategie, Diplomatie und Täuschung – nicht durch Schlachten. Ziel ist es, den Feind zu überlisten, zu destabilisieren und auszumanövrieren, ohne in kostspielige Kämpfe verwickelt zu werden.

3. **Pläne angreifen, nicht Menschen:** Konzentriere dich darauf, die Strategie des Feindes zu untergraben, seine Allianzen zu brechen und seine Operationen zu stören. Die direkte Konfrontation mit seiner Armee ist oft weniger effektiv und deutlich kostspieliger.

4. **Belagerungen nur im Notfall:** Belagerungen sind ressourcenintensiv und können deine Truppen demotivieren. Wenn du nicht darum herumkommst, dann plane jeden Schritt genau und sorge dafür, dass sie so kurz wie möglich dauert. Eine schlecht durchgeführte Belagerung kann selbst eine starke Armee ruinieren.

5. **Anpassungsfähigkeit und Autonomie:** Ein General muss auf dem Schlachtfeld freie Entscheidungen treffen können. Zögern, auf Befehle warten oder stur an einem Plan festhalten – all das kann zur Katastrophe führen. Flexibilität und schnelles Denken sind entscheidend.

6. **Kenne deine Stärken und Schwächen:** Beurteile deine Ressourcen im Vergleich zu denen des Feindes. Handle, wenn du einen Vorteil hast, und halte dich zurück, wenn nicht. Disziplin und Ausdauer können auch kleineren Truppen helfen, sich über die Zeit durchzusetzen.

7. **Führung ist alles:** Die Rolle des Generals ist zentral für den Erfolg der Armee. Ein guter Anführer versteht seine Truppen, belohnt Loyalität, sorgt für Disziplin und vermittelt Vertrauen. Ein schlechter Anführer hingegen kann eine Armee lähmen und den gesamten Staat destabilisieren.

Kurz gesagt

Kapitel 3 dreht sich darum, klug mit Ressourcen, Strategie und Führung umzugehen. Sun Tzu zeigt, dass Krieg nicht nur Kämpfen bedeutet, sondern vor allem vorauszudenken, Schaden zu minimieren und zu wissen, wann man handeln sollte. Die größten Siege werden nicht durch rohe Gewalt errungen, sondern durch Weisheit, Vorbereitung und Anpassungsfähigkeit. Wer sich selbst, seine Truppen und den Feind wirklich kennt, wird den Erfolg sicher erreichen.

Kapitel 4 – Taktische Aufstellungen

Sun Tzu sagt:

In alten Zeiten machten sich jene, die die Kriegskunst wirklich beherrschten, zuerst selbst unbesiegbar und warteten dann darauf, dass der Feind verwundbar wurde. Sie vermieden jeden Krieg, bei dem sie im Voraus erkannten, dass er nicht zu einem günstigen Ergebnis führen würde.

Bevor sie sich auf eine Schlacht einließen, sorgten sie dafür, dass ihr Sieg so sicher war, als hätte er bereits stattgefunden. Wenn die Umstände nicht vorteilhaft waren, warteten sie geduldig auf einen besseren Moment zum Handeln.

Ihr Leitsatz war: **Man wird nur durch eigene Fehler besiegt**[27], und man erringt den Sieg nur durch die Fehler des Feindes.

Sich selbst unbesiegbar zu machen, hängt von den eigenen Handlungen ab. Den Feind verwundbar zu machen, hängt von dessen Fehlern ab.

Selbst mit dem Wissen, wie man den Sieg erringen kann, ist dieser nicht garantiert.

Deshalb identifizieren fähige Generäle zuerst, was sie fürchten müssen und worauf sie hoffen können. Sie entscheiden, ob sie vorrücken oder sich zurückhalten, kämpfen oder sich verschanzen – alles basierend auf einer sorgfältigen Bewertung der eigenen Truppen und des Zustands des Feindes.

Wenn sie sich im Vorteil sahen, ergriffen sie mutig die Initiative und schlugen zuerst zu. Wenn sie erkannten, dass sie unterlegen waren, festigten sie ihre Positionen und gingen in die Verteidigung.

Unbesiegbarkeit liegt in der Verteidigung, das Potenzial zum Sieg jedoch im Angriff.

Verteidigung bedeutet, dass es an Stärke mangelt; Angriff zeigt, dass Stärke im

---

[27] Dies unterstreicht die Bedeutung von Selbstdisziplin und Selbsterkenntnis. Eine gut vorbereitete und disziplinierte Armee minimiert das Risiko selbstverschuldeter Niederlagen. Fehler entstehen oft durch mangelhafte Planung, Übermut oder Nachlässigkeit.

Überfluss vorhanden ist.

Doch die Kunst einer wohlüberlegten Verteidigung ist genauso wichtig wie die eines erfolgreichen Angriffs.

Wer in der Verteidigung geschickt ist, **gräbt sich tief in die Erde ein**[28]. Wer im Angriff überragt, erhebt sich bis zum neunten Himmel.

Um sich effektiv zu verteidigen, muss man verborgen bleiben – wie unterirdische Wasseradern, deren Quelle niemand kennt und deren Verlauf niemand verfolgen kann. Wer seine Bewegungen verbirgt, wird undurchdringlich.

Wer kämpfen will, um zu gewinnen, muss sich bis zum **neunten Himmel**[29] erheben. Seine Taten müssen so kraftvoll widerhallen, dass ihr Ruhm im ganzen Universum nachhallt.

Selbsterhaltung muss immer das oberste Ziel sein. Sowohl bei der Vorbereitung als auch bei der Ausführung sollte dein Ziel sein, die Kunst des Sieges zu meistern – im Geiste jener großen Meister, die vor dir kamen. Es ist edel, sie übertreffen und die Kriegskunst weiter verfeinern zu wollen, doch hüte dich vor Überheblichkeit. Wer ihre Weisheit nicht respektiert, riskiert, tief unter ihr Niveau zu fallen – denn im Krieg **kann der Drang nach Perfektion ohne Verständnis der eigenen Grenzen in den Untergang führen**[30].

Den Sieg durch Kampf zu erringen, wurde zwar stets hochgelobt, doch selbst hier gilt: Wer nach etwas strebt, das „über dem Guten“ liegt, endet oft schlechter als im Schlechten. Einen vorhersehbaren Sieg zu erringen und dafür als Experte gefeiert zu werden, ist fernab wahrer Kriegskunst. **Den**

---

[28] Die Metapher des Tiefgrabens steht für Unsichtbarkeit und Absicherung in der Verteidigung. Wer seine Bewegungen verbirgt und auf alle Eventualitäten vorbereitet ist, macht seine Stellung uneinnehmbar.

[29] In der alten chinesischen Kosmologie symbolisiert der „neunte Himmel“ die höchste Stufe in der himmlischen Ordnung. Dieser Ausdruck steht hier für den Gipfel strategischer Exzellenz – ein Angriff, der mit überwältigender Kraft und Präzision erfolgt.

[30] Diese Warnung vor Überheblichkeit greift ein zentrales Motiv der chinesischen Philosophie auf: das Maßhalten. Selbst in der Verfolgung des Höchsten kann man scheitern, wenn man die natürlichen Grenzen der Situation nicht beachtet.

Herbstlaub aufzuheben, erfordert keine große Kraft[31]; die Sonne und den Mond zu sehen, braucht kein scharfes Auge; den Donner zu hören, keine feinen Ohren. Solche Dinge geschehen einfach.

Wirklich erfahrene Krieger begegnen dem Kampf auf dieselbe Weise: Sie haben keine Mühe, weil sie die richtigen Bedingungen für den Erfolg lange vor der Schlacht geschaffen haben.

Sie antizipieren alles und bereiten sich auf alle Eventualitäten vor. Sie verstehen ihre Feinde – kennen deren Stärken, Schwächen und Fähigkeiten – so genau, dass der Sieg nur die natürliche Folge dieses Wissens ist.

Daher gewinnt ein wahrer Meister des Krieges keinen Ruf für Weisheit oder Tapferkeit durch seinen Sieg – denn der Sieg erscheint so selbstverständlich, dass das Genie dahinter nicht erkannt wird.

Der Erfolg des erfahrenen Generals ist bereits erreicht, bevor der Konflikt überhaupt greifbar wird. Die Allgemeinheit versteht das nicht, daher wird dem Sieger keine außergewöhnliche Einsicht zugeschrieben. Noch bevor ein Tropfen Blut vergossen wurde, hat sich der gegnerische Staat bereits ergeben. Wenn du ohne Kampf eroberst, rühme dich nicht deiner Tapferkeit.

So waren die Alten. Für sie war der Sieg das Einfachste der Welt – und sie verspürten keinen Drang, sich mit hohlen Titeln wie „mutig“, „heldenhaft“ oder „unbesiegbar“ zu schmücken. Sie schrieben ihren Erfolg einzig ihrer sorgfältigen Planung und der Vermeidung selbst kleinster Fehler zu.

Wer auch nur den kleinsten Fehler vermeidet, macht den Sieg gewiss. Der fähige General besiegt einen Gegner, der bereits geschlagen ist. Seine Pläne enthalten keine unnötigen Handlungen, seine Strategien vermeiden sinnlose Schritte.

Ein kompetenter Kommandeur positioniert sich so, dass Niederlage unmöglich wird – und nutzt jede Gelegenheit, um seinen Gegner zu dominieren.

Eine siegreiche Armee sichert sich den Vorteil schon vor Beginn der Schlacht.

---

[31] Diese Metapher vermittelt, dass wahre Meisterschaft mühelos wirkt.

Eine Armee, die zur Niederlage verurteilt ist, zieht mit nichts als Hoffnung in den Kampf.

Diejenigen, die sich der Kriegskunst widmen, kultivieren den Dao (den Weg) und halten sich an die Prinzipien von Disziplin und Ordnung. Auf diesem Fundament entwickeln sie Strategien, die den Sieg garantieren.

Bevor sie kämpfen, demütigen und erschöpfen sie den Feind durch zahllose indirekte Mittel. Währenddessen bleiben ihre eigenen Lager sicher – unangreifbar für Überraschungen oder Angriffe.

Diese Generäle glaubten, dass wahrer Sieg dann eintritt, wenn die Soldaten den Kampf wirklich wollen – doch sie kannten auch die Gefahr von Überheblichkeit. Truppen mit blinder Zuversicht – verweichlicht durch Untätigkeit, getrieben von Angst oder voller Arroganz – sind dem Untergang geweiht. Im Gegensatz dazu suchen jene Truppen den Kampf, die nicht über Sieg nachdenken, sondern durch Disziplin und harte Arbeit abgehärtet sind. Diese Soldaten sind zuverlässig, fähig – und werden mit Sicherheit siegen.

Daher konnten fähige Generäle den Ausgang eines Krieges bereits vor Beginn sicher vorhersagen – allein durch die Analyse der Umstände.

Die fünf Elemente der Kriegskunst sind:

1. Die Messung des Raumes.
2. Die Schätzung der Mengen.
3. Die Regeln der Berechnung.
4. Der Vergleich.
5. Die Wahrscheinlichkeit des Sieges.

Die Messung des Raumes ergibt sich aus dem Gelände; Mengen werden durch diese Messungen bestimmt; Zahlen entstehen aus den Mengen; Vergleiche aus den Zahlen; und der Sieg ergibt sich aus diesen Vergleichen.

Ein fähiger General organisiert seine Kräfte so präzise, dass er sie wie aufgestautes Wasser in die Schlacht führen kann – plötzlich freigesetzt, um in einen bodenlosen Abgrund zu stürzen.

Du, als Kommandeur von Armeen, musst nichts unversucht lassen, um deiner Verantwortung würdig zu sein. Studiere die Maßsysteme, die Mengen und Dimensionen offenbaren; verinnerliche die Regeln der Berechnung; und beurteile das Gleichgewicht der Kräfte. Der Sieg ist das Ergebnis von präziser Planung und Kalkulation.

Durch sorgfältige Berechnungen wirst du verstehen, was das Land dir bieten kann. Du wirst seine Ressourcen kennen und kontinuierlich von seinen Gaben profitieren. Du wirst nicht unwissend über die verschiedenen Wege zu deinen Zielen sein und stets den zuverlässigsten Pfad wählen, um sie zu erreichen.

Bewerte durch exakte Berechnungen, ob der Feind angegriffen werden kann, und erst dann mobilisiere die Bevölkerung und stelle deine Truppen auf. Lerne, Kriegsvorräte und Lebensmittel weise zuzuweisen – weder zu viel noch zu wenig.

Denke über vergangene Siege nach und über die Umstände, unter denen sie errungen wurden. Studiere, wie diese Triumphe erreicht wurden, und welche Vor- oder Nachteile sie den Siegern brachten. Dieses Wissen wird dir helfen, den Sieg zu deinem größten Vorteil zu nutzen.

Ein **Yi übertrifft ein Zhu**[32]. Auf der Waage des Gleichgewichts ist ein Yi schwerer als ein Zhu. Sei für deine Feinde, was der Yi für den Zhu ist. (Zum Vergleich: Ein Yi wiegt ca. 700 Gramm, ein Zhu weniger als ein Gramm.)

Wenn du dir einen Vorteil verschafft hast, werde nicht selbstzufrieden oder gönne deinen Truppen keine verfrühte Ruhe. **Dränge weiter – mit dem unaufhaltsamen Schwung eines Wasserfalls, der tausend Klafter tief stürzt**[33]. Gib deinem Feind keine Gelegenheit zur Erholung. Erst wenn sein vollständiger Untergang gesichert ist, sollst du innehalten und in Frieden die Früchte deines Sieges ernten – sicher, gelassen und mit Bedacht.

---

[32] Yi und Zhu sind Gewichtseinheiten, wobei ein Yi (ca. 700 Gramm) ein Vielfaches eines Zhu (unter 1 Gramm) wiegt. Dieses Gleichnis betont die Bedeutung überwältigender Vorteile und strategischer Überlegenheit für den Sieg.

[33] Die Metapher des herabstürzenden Wasserstroms betont die Notwendigkeit kompromissloser, entschlossener Handlungen im Angriff. Sobald der Schwung einmal aufgebaut ist, muss er beibehalten werden, um dem Feind keine Chance zur Erholung oder Neuordnung zu geben.

Analyse von Kapitel 4

Kapitel 4 konzentriert sich auf Vorbereitung, Timing und strategisches Denken. Sun Tzu erklärt, dass die besten Generäle nicht unüberlegt in die Schlacht stürzen – sie bringen sich erst in eine Position der Unbesiegbarkeit und warten dann auf den perfekten Moment zum Zuschlagen. Erfolg entsteht nicht durch Zufall oder rohe Gewalt, sondern durch das Vermeiden eigener Fehler und das Ausnutzen der Fehler des Gegners.

Man kann es sich so vorstellen: Ein kluger General spielt Schach, nicht Dame. Er kämpft nur, wenn er weiß, dass die Chancen auf seiner Seite sind. Er bewertet die Situation, wägt Stärken und Schwächen ab und analysiert den Feind. Wenn er im Nachteil ist, konzentriert er sich auf die Verteidigung. Wenn er überlegen ist, greift er mit Selbstvertrauen an. Verteidigung zeigt Weisheit und Geduld; Angriff zeigt Stärke und Gelegenheiten. Beide sind gleich wichtig – je nach Lage.

Sun Tzu betont außerdem, wie entscheidend Vorbereitung ist. Er vergleicht eine starke Verteidigung mit Unsichtbarkeit – wie verborgene Wasseradern unter der Erde – während ein kraftvoller Angriff so ehrfurchtgebietend ist, als würde man den Himmel berühren. Das Ziel eines Generals ist es, Bedingungen zu schaffen, unter denen der Sieg fast unvermeidlich erscheint – nahezu mühelos –, weil die eigentliche Arbeit (Planung, Positionierung, Vorbereitung) bereits im Hintergrund geleistet wurde.

Interessanterweise warnt Sun Tzu vor Arroganz. Wahre Meister prahlen nicht mit ihren Siegen, weil sie wissen, dass ihr Erfolg nicht auf Glück oder Gewalt beruht, sondern auf gründlicher Vorbereitung. Der Sieg ist schlicht die natürliche Folge davon, dass man die Dinge richtig gemacht hat.

Zentrale Lektionen aus Kapitel 4

1. **Vorbereitung vor dem Kampf:** Der Ausgang der Schlacht wird lange vor dem ersten Schlag entschieden. Wer plant, analysiert und sich gut positioniert, kann eine Niederlage unmöglich machen.

2. **Fehler vermeiden:** Sieg entsteht nicht durch Glück, sondern durch das Vermeiden eigener Fehler – und das Ausnutzen der Fehler des Gegners. Wenn du keine Fehler machst, kannst du nicht verlieren.

3. **Angriff und Verteidigung sind gleich wichtig:**
   - Verteidigung schützt dich, wenn du noch nicht bereit bist zu handeln. Sie hilft, Kraft zu sparen und Zeit zu gewinnen.
   - Angriff nutzt Chancen, wenn sie sich bieten. Er erlaubt dir, deine Überlegenheit durchzusetzen.
4. **Timing ist alles:** Handle nicht zu früh, aber auch nicht zu spät. Warte auf die richtigen Bedingungen, damit dein Handeln Wirkung zeigt.
5. **Der Sieg sollte sich mühelos anfühlen:** Wenn alles perfekt geplant ist, fühlt sich der Sieg ganz natürlich an. Wenn eine Schlacht mühsam ist, liegt das meist an schlechter Vorbereitung oder taktischen Fehlern.
6. **Bleibe bescheiden:** Ein wahrer Meister hat es nicht nötig, sich zu rühmen. Seine Ergebnisse sprechen für sich.
7. **Momentum ist entscheidend:** Wenn du erst einmal im Vorteil bist, gib dem Gegner keine Zeit, sich zu erholen. Dränge voran mit der Wucht eines Flusses, der aus einem Damm bricht.

Zusammengefasst

Dieses Kapitel zeigt uns: Vorbereitung und Timing sind die Grundlage für jeden Erfolg. Ein geschickter General kämpft nur dann, wenn der Sieg praktisch schon sicher ist. Durch Geduld, das Vermeiden von Fehlern und das Ausnutzen der Schwächen des Gegners schafft er Bedingungen, unter denen der Sieg zur logischen Folge wird. Und wenn der Moment des Handelns kommt, schlägt er mit solcher Entschlossenheit und Kraft zu, dass dem Feind keine Chance zur Erholung bleibt. Es geht nicht nur darum zu gewinnen – sondern darum, klug zu gewinnen.

Kapitel 5 – Energie

Sun Tzu sagt:

Im Allgemeinen ist die Führung großer Truppen im Wesentlichen dasselbe wie die Führung kleiner Einheiten – es ist nur eine Frage der Organisation. Ganz gleich, ob deine Streitmacht groß oder klein ist: Der Schlüssel zum Erfolg liegt in effektiver Formierung und klarer Signalgebung.

Kenne die Namen aller Offiziere, sowohl der Generäle als auch der Untergebenen, und führe ein detailliertes Verzeichnis über sie. Notiere ihre Talente und Fähigkeiten, damit du sie in kritischen Momenten an den passenden Stellen einsetzen kannst. Vor allem aber: Sorge dafür, dass jeder unter deinem Kommando weiß, dass dein oberstes Ziel ihr Schutz vor Schaden ist.

Wenn du deine Truppen gegen den Feind vorrücken lässt, sollen sie mit der Wucht von Steinen auf Eier treffen. Der Unterschied zwischen deinen Kräften und denen des Feindes muss so eindeutig sein wie der zwischen Stärke und Schwäche, Fülle und Leere.

Die Fähigkeit, dem Angriff des Feindes standzuhalten, ohne besiegt zu werden, hängt von der strategischen Kombination direkter und indirekter Kräfte ab.

- Direkte Kräfte dienen dazu, den Feind zu binden und abzulenken.
- Indirekte Kräfte werden eingesetzt, um dort zuzuschlagen, wo der Feind es am wenigsten erwartet.

Im Allgemeinen nutzt man direkte Kräfte, um den Feind in die Schlacht zu verwickeln, und indirekte Kräfte, um den Sieg zu erringen. Die Möglichkeiten jener, die geschickt mit indirekten Kräften umgehen, sind so grenzenlos wie Himmel und Erde, so unerschöpflich wie der Fluss großer Ströme.

Greife offen an – aber sichere dir den Sieg durch Geheimhaltung. Darin liegt das wahre Wesen der Meisterschaft in der Truppenführung. **Das**

Wechselspiel von Tag und Nacht, Sichtbarem und Verborgenen [34]– das ist die vollständige Kunst des Krieges.

Diejenigen, die diese Kunst meistern, gleichen Himmel und Erde, deren Bewegungen stets Wirkung zeigen. Sie gleichen Flüssen und Meeren, deren Wasser nie versiegen. Selbst wenn sie in die Dunkelheit des Todes stürzen, haben sie die Fähigkeit, sich zu erholen und neu zu erscheinen – wie Sonne und Mond, die zur rechten Zeit auf- und untergehen. Wie die vier Jahreszeiten passen sie sich jeder Situation an.

So wie **Musik fünf Töne hat, Kunst fünf Farben, und Küche fünf Geschmacksrichtungen**[35], so gibt es auch in der Strategie unendlich viele Kombinationen. Wer hat je alle Melodien gehört, die aus diesen Tönen entstehen? Wer hat je alle Farbtöne gesehen oder alle Geschmacksnuancen geschmeckt? Und doch entstehen sie alle aus nur fünf Grundelementen.

In der Kriegskunst und der effektiven Führung von Truppen gibt es im Kern nur zwei Arten von Kräften. Ihre Kombinationen jedoch sind unendlich – sie erzeugen einander, wirken miteinander und bilden in der Praxis eine ununterbrochene Kette von Operationen – wie ineinander greifende Ringe oder ein Rad in Bewegung, ohne klaren Anfang oder Ende.

Jede militärische Operation umfasst Elemente, die offen im Licht des Tages ausgeführt werden müssen, sowie solche, die Dunkelheit und Geheimhaltung erfordern. Welche das sind, lässt sich nicht im Voraus festlegen – nur die konkrete Situation kann sie offenbaren.

Du legst große Steine in den Lauf eines reißenden Flusses, um seinen Strom zu lenken. Du benutzt feine Netze, um kleine Vögel zu fangen. Doch manchmal bricht ein Fluss, durch langsame Erosion, seine Ufer. Und manchmal befreien sich Vögel durch beharrlichen Kampf aus ihren Fesseln.

---

[34] Diese Metapher spiegelt die dynamische Natur des Krieges wider, bei dem der Erfolg davon abhängt, Transparenz mit Geheimhaltung auszugleichen und sich an wechselnde Bedingungen anzupassen – genau wie die natürlichen Zyklen von Tag und Nacht.

[35] Diese Analogie verdeutlicht die unendlichen Möglichkeiten, die aus einfachen Grundelementen entstehen. In der altchinesischen Philosophie hatte die Zahl Fünf eine symbolische Bedeutung und stand für grundlegende Kategorien in vielen Bereichen, einschließlich der Strategie.

Es ist durch seine Wucht, dass Wasser in Strömen gegen Felsen schlägt. Es ist durch präzises Abschätzen der Distanz, dass ein Falke sein Ziel mit tödlicher Genauigkeit trifft.

Diejenigen, die in der Führung von Truppen herausragen, verstehen es, ihre Macht unbesiegbar erscheinen zu lassen. Sie verfügen über unerschütterliche Autorität und bleiben selbst im Angesicht größter Widrigkeiten gelassen. Sie handeln überlegt und vorsichtig – treffen keine übereilten Entscheidungen. Selbst in überraschenden Situationen zeigen sie dieselbe Ruhe wie bei wohlüberlegten und erwarteten Handlungen. Ihre Entschlossenheit basiert auf Können und umfangreicher Erfahrung – sie reagieren schnell, aber stets mit Präzision.

So wird der Schwung eines wahren Kriegsherrn unaufhaltsam, und seine Schläge kommen im perfekten Moment.

Das Potenzial eines solchen Kommandeurs gleicht einem voll gespannten Bogen[36] – bereit, mit verheerender Kraft loszuschlagen. Alles bricht unter seinen Schlägen zusammen; seine Attacken reißen alles mit. Wie eine perfekte Kugel ist er an jedem Punkt gleich stark – in jeder Lage zeigt er dieselbe Widerstandskraft und Kraft. Selbst im Chaos der Schlacht bewahrt er eine Ordnung, die nicht gestört werden kann. Aus scheinbarer Schwäche zieht er Kraft; aus Angst und Zögern ruft er Mut und Tapferkeit hervor.

Doch eine solche außerordentliche Ordnung inmitten des Chaos aufrechtzuerhalten, erfordert sorgfältige und gründliche Voraussicht. Kraft aus Schwäche zu schöpfen ist das Kennzeichen höchster Meisterschaft und uneingeschränkter Autorität. (Mit Autorität ist hier nicht Herrschaft gemeint, sondern die Fähigkeit, die eigenen Absichten ohne Einschränkungen umzusetzen.) Aus Angst und Zaghaftigkeit Mut und Tapferkeit zu gewinnen – das ist das Zeichen eines wahren Helden – mehr als nur eines Helden – es bedeutet, selbst die Tapfersten unter den Kriegern zu übertreffen.

Ein fähiger Kommandeur verlangt keinen Sieg von seinen Truppen – er findet den Sieg in den Umständen selbst.

---

[36] Diese Metapher beschreibt die Bereitschaft und die gespeicherte Kraft eines fähigen Befehlshabers. Wie ein gespannter Bogen, der nur darauf wartet, seinen Pfeil abzufeuern, liegt seine Stärke in präzisem Timing und kontrolliertem Handeln.

So außergewöhnlich all das auch erscheinen mag, es gibt noch eine weitere Fähigkeit, die ich von denen verlange, die Truppen befehligen: die Kunst, den Feind nach Belieben zu lenken und zu kontrollieren.

Diejenigen, die diese bemerkenswerte Kunst beherrschen, führen ihre Soldaten so, dass sie die Handlungen des Feindes genau dann und so beeinflussen, wie sie es wünschen. Sie wissen, wann sie großzügig sein müssen – selbst gegenüber denen, die sie besiegen wollen. Sie geben dem Feind, und der Feind nimmt bereitwillig. Sie geben Boden auf, und der Feind eilt herbei, ihn zu erobern.

Solche Kommandeure sind auf jede Eventualität vorbereitet. Sie nutzen jede Gelegenheit, bleiben stets wachsam und beobachten genau jene Untergebenen, auf die sie sich verlassen. Sie misstrauen sogar ihren eigenen Instinkten genug, um keine potenziell nützliche Maßnahme zu übersehen.

Diese Führer sehen ihre Gegner nicht als Menschen mit freiem Willen, sondern als Objekte – Steine oder Holzstücke – die sie einen Abhang hinunterrollen lassen sollen.

So wie Steine und Holz sich nicht von selbst bewegen können, so bewegt sich der Feind nur als Reaktion auf äußere Kräfte. Wenn er ruht, bleibt er reglos; er bewegt sich nur, wenn eine Kraft ihn zwingt. Wenn das Objekt eckig ist, stoppt es bald; ist es rund, rollt es weiter – solange, bis es auf einen Widerstand trifft, der stärker ist als die Kraft, die es antreibt.

Dein Ziel ist es, den Feind vollständig unter deine Kontrolle zu bringen – **wie einen perfekt runden Stein, der auf der Spitze eines tausend Klafter hohen Berges liegt**[37]. Mit nur einem sanften Stoß bringst du ihn ins Rollen – mit gewaltiger Wucht. Der Aufwand ist minimal, aber die Wirkung immens.

Wenn du dieses Maß an Kontrolle über deinen Gegner erreichst, ist das der Beweis deiner wahren Macht und Autorität.

---

[37] Dieses eindrucksvolle Bild zeigt, wie ein minimaler Aufwand (das Anstoßen des Steins) eine gewaltige Wirkung entfalten kann (wenn der Stein mit voller Wucht hinabrollt). Die Analogie betont, dass Vorbereitung und Positionierung entscheidend sind, um mit wenig Energie maximale Wirkung zu erzielen.

Analyse von Kapitel 5

Dieses Kapitel dreht sich darum, wie man die Dynamik und Energie seiner Streitkräfte nutzt und lenkt, um entscheidende Siege zu erringen. Sun Tzu erklärt, dass Erfolg nicht allein durch rohe Gewalt erreicht wird, sondern durch kluge Nutzung von Energie – das heißt, durch Organisation, das richtige Gleichgewicht zwischen direktem und indirektem Handeln und den Aufbau einer unaufhaltsamen Dynamik.

Sun Tzu vergleicht Strategie mit Natur, Kunst und Musik und zeigt, wie aus wenigen Grundelementen unendlich viele Kombinationen entstehen können. Genauso ist es auch im Krieg: Effektive Kombinationen von einfachen Taktiken – direkte und indirekte Kräfte – schaffen unzählige Möglichkeiten für den Sieg.

Er betont, wie wichtig es ist, ruhig, überlegt und präzise zu handeln. Ein fähiger Kommandant verlässt sich nicht auf Glück oder rohe Gewalt, sondern kalkuliert und gestaltet die Umstände zu seinem Vorteil. Er nutzt Schwungkraft, Timing und Strategie, um nicht nur seine eigenen Truppen zu kontrollieren, sondern auch die Bewegungen des Feindes vorhersehbar und steuerbar zu machen.

Zentrale Lehren aus Kapitel 5

1. **Organisation und Führung sind entscheidend:** Eine große Armee zu führen ist nicht anders als eine kleine – es geht um Struktur und Kommunikation. Wer die Stärken seiner Offiziere kennt, kann ihnen die passenden Aufgaben übertragen.

2. **Direkte und indirekte Kräfte:** Nutze direkte Kräfte, um den Feind zu binden und abzulenken, während du indirekte Kräfte dort einsetzt, wo er es am wenigsten erwartet. Diese Dualität bildet das Herzstück strategischer Meisterschaft.

3. **Dynamik ist der Schlüssel:** Dynamik – wie die Kraft eines Flusses oder der Stoß eines Falken – verleiht der Armee ihre Schlagkraft. Wer Schwung aufbaut und aufrechterhält, kann den Gegner mit minimalem Aufwand überwältigen.

4. **Anpassungsfähigkeit ist Stärke:** Ein guter Kommandant passt sich verändernden Umständen an – wie Sonne, Mond und Jahreszeiten. Der Sieg gehört dem, der weiß, wann man offen handelt und wann man seine Pläne verbirgt.

5. **Den Feind kontrollieren:** Ein wahrer Meister der Kriegsführung reagiert nicht nur auf den Feind – er steuert dessen Bewegungen. Indem man scheinbare Gelegenheiten bietet – etwa durch Rückzug oder Lockangebote – lenkt man den Feind dorthin, wo man ihn haben will.

6. **Autorität in Ruhe:** Selbst im Chaos bleibt ein erfahrener Anführer ruhig und entschlossen. Diese Gelassenheit inspiriert das Vertrauen der Truppen und sorgt für präzise Entscheidungen.

7. **Sieg durch Umstände:** Ein Kommandant verlangt keinen Sieg von seinen Soldaten – er schafft die Voraussetzungen dafür durch Planung und Strategie.

8. **Minimaler Aufwand, maximale Wirkung:** Wie ein runder Stein, der einen Berg hinabrollt, entfalten große Wirkungen oft bei minimalem Aufwand – wenn die Ausgangsbedingungen perfekt geschaffen wurden.

Kurz gesagt

Kapitel 5 lehrt uns, dass Krieg nicht durch rohe Kraft gewonnen wird, sondern durch gezielte Energie und Kontrolle. Der erfahrene Kommandant gleicht einem Komponisten, der Harmonie zwischen direktem Handeln und verborgener Strategie schafft. Indem er Dynamik aufbaut, flexibel bleibt und die Kunst der Manipulation beherrscht, kontrolliert er sowohl seine eigenen Truppen als auch den Feind – und sorgt so dafür, dass jede Handlung mit möglichst geringem Aufwand zum Sieg führt.

Kapitel 6 – Schwächen und Stärken

Sun Tzu sagt:

Eine der wichtigsten Aufgaben vor Beginn eines **Kampfes ist die sorgfältige Wahl des Lagerplatzes**[38]. Das erfordert Aufmerksamkeit und Weitsicht – du darfst dem Feind niemals erlauben, deine Absichten vorauszusehen. Dein Lager sollte errichtet sein, noch bevor der Feind überhaupt erkennt, wo du dich befindest oder wohin du marschierst. Schon die kleinste Nachlässigkeit in dieser Angelegenheit kann schwerwiegende, ja katastrophale Folgen haben. Im Allgemeinen bringt es keinen Vorteil, das Lager nach dem Gegner aufzuschlagen.

Ein Kommandant, der es versteht, den Feind freiwillig zu Bewegung zu verleiten, tut dies, indem er ihm einen scheinbaren Vorteil anbietet; wer hingegen die Bewegung des Gegners verhindern will, tut dies, indem er ihm Schaden oder Hindernisse in den Weg stellt.

Ein Anführer, der über die Bewegungen seines Heeres entscheidet, darf diese Aufgabe niemals an andere delegieren. Doch darüber hinaus ist ein wirklich fähiger General nicht nur in der Lage, das eigene Lager zu bestimmen, sondern auch die Bewegungen und Positionen des Feindes zu beeinflussen. Ein großer Führer wartet nicht passiv ab – er bringt den Gegner dazu, zu handeln.

Wenn du den Feind dazu bringen kannst, sich freiwillig dorthin zu bewegen, wo du ihn haben willst, dann sorge dafür, dass sein Weg frei von offensichtlichen Hindernissen ist. Räume alles aus dem Weg, was ihn aufhalten könnte, und schaffe Bedingungen, die ihm vorteilhaft erscheinen. Wenn er dagegen Schwierigkeiten oder Nachteile erkennt, wird er seinen Plan aufgeben – und deine Mühe war vergebens oder sogar schädlich.

Die wahre Kunst besteht darin, den Feind dazu zu bringen, das zu wollen, was du selbst willst, und ihm dabei unmerklich alles bereitzustellen, was er braucht, um deine Ziele zu unterstützen – ohne dass er es merkt.

---

[38] Die Wahl des Lagerplatzes war in der antiken Kriegsführung entscheidend. Ein gut gewählter Standort konnte natürliche Verteidigungen, Zugang zu Ressourcen und strategische Vorteile bieten, während ein schlecht gewählter Ort das Heer dem Risiko eines Hinterhalts oder Versorgungsengpässen aussetzte.

Hast du dein Lager eingerichtet und die Bewegungen des Feindes gelenkt, so warte geduldig auf seinen ersten Schritt. In der Zwischenzeit schwäche seine Stellung: Lass ihn im Überfluss hungern, störe ihn in der Ruhe, versetze ihn in Angst, wenn er sich am sichersten fühlt.

Wenn der Feind nach langem Warten keine Anzeichen zeigt, sein Lager zu verlassen, dann ist es an der Zeit, selbst zu handeln. Verlasse dein Lager und zwinge ihn zur Bewegung. Versetze ihn häufig in Alarmbereitschaft und schaffe Gelegenheiten, bei denen er Fehler macht – Fehler, die du zu deinem Vorteil nutzen kannst.

Wenn du verteidigst, tue es mit Kraft; sei wachsam und vermeide Selbstzufriedenheit. Wenn du vorrückst, bewege dich schnell und sicher – auf Wegen, die nur du kennst.

Gehe dorthin, wo der Feind niemals vermuten würde, dass du hingehst. Tauche plötzlich auf, wo er dich am wenigsten erwartet, und schlage zu, wenn er unvorbereitet ist.

Um das zu erobern, was du angreifst, konzentriere dich auf Stellen, die unbewacht sind. Um das zu schützen, was du besitzt, verteidige Orte, die der Feind nicht für angreifbar hält.

Wenn **du tausend Li (etwa 500 Kilometer)**[39] durch schwieriges Gelände marschieren kannst, ohne auf Widerstand zu stoßen, bedeutet das, dass der Feind entweder deine Bewegungen nicht kennt, dich fürchtet oder wichtige Posten vernachlässigt hat. Wiederhole nicht seine Fehler.

Die höchste Kunst eines Generals besteht darin, den Feind im Unklaren zu lassen, wo der Kampf stattfinden wird. Verberge deine Stellungen mit absoluter Präzision. Wenn du sogar deine kleinsten Handlungen verbergen kannst und Geheimhaltung wahrt, dann bist du nicht nur ein fähiger General – du bist ein außergewöhnlicher Anführer. Unsichtbar siehst du; unhörbar hörst du; in der Stille handelst du und bestimmst das Schicksal deines Feindes.

---

[39] Ein li war eine alte chinesische Maßeinheit für Entfernungen, etwa 500 Meter oder ein Drittel einer Meile. Diese Empfehlung zielt darauf ab, einen optimalen Abstand zum Feind zu halten: nah genug, um ihn zu überwachen, aber weit genug entfernt, um nicht in unmittelbarer Gefahr zu sein.

Wenn deine Truppen aufgestellt sind, aber du keine klare Schwäche im Lager des Gegners findest, versuche nicht mit Gewalt durchzubrechen. Wenn sich der Feind geordnet zurückzieht, verfolge ihn nicht blind oder in unbekanntes Terrain. Wenn du dich entscheidest, ihm zu folgen, tue es vorsichtig und ohne dich zu weit zu entfernen.

Willst du kämpfen, doch der Feind bleibt verschanzt, dann greife nicht an – besonders wenn seine Befestigungen stark sind, **mit tiefen Gräben und hohen Mauern**[40]. Vermeide aussichtslose Angriffe. Ebenso, wenn deine Strategie auf Vermeidung von Kampf beruht: Stärke deine Verteidigung und bleibe wachsam. Sei bereit, Angriffe abzuwehren und gezielte Gegenangriffe zu führen.

Lass den Feind sich zuerst erschöpfen – lass ihn in Unordnung verfallen oder überheblich werden. Dann schlage zu und nutze seine Schwächen gnadenlos aus.

Trenne niemals unnötig die verschiedenen Divisionen deines Heeres. Jede Einheit muss in der Lage sein, die andere ohne Verzögerung zu unterstützen. Gleichzeitig: Schaffe so viel Trennung wie möglich unter den feindlichen Truppen. **Wenn sie sich in zehn kleinere Gruppen aufteilen**[41], konzentriere deine gesamte Kraft jeweils auf eine davon. So kämpfst du stets aus einer Position der Stärke.

Mit diesem Prinzip kannst du selbst mit einem kleinen Heer an den entscheidenden Stellen zahlenmäßig überlegen sein.

Lass den Feind niemals erkennen, wie du kämpfen willst oder wie du dich auf Angriff und Verteidigung vorbereitest. Wenn er seine Front stärkt, wird sein Rücken schwach sein; konzentriert er sich auf hinten, wird seine Front verwundbar. Verteidigt er die linke Flanke, wird die rechte offen sein. Verstärkt er die rechte, wird die linke anfällig sein. Versucht er, alles

---

[40] Breite Gräben und hohe Mauern waren typische Verteidigungsanlagen im alten China. Sun Tzu rät von langwierigen Belagerungen ab, da sie Ressourcen aufzehren und oft zu einer Pattsituation oder gar zur Niederlage führen.

[41] Dies spiegelt das Konzept von „Teile und herrsche“ wider. Wenn man überlegene Kräfte gegen kleinere feindliche Einheiten konzentriert, verschafft man sich taktische Vorteile und minimiert das Risiko, selbst überwältigt zu werden.

gleichzeitig zu sichern, wird seine Armee überall schwach sein.

Wenn der Feind völlig im Unklaren bleibt, wird er sich überdehnen, weil er in jede Richtung Verstärkung schickt. Diese Zerstreuung führt schließlich zu seinem Untergang.

Begehe nicht denselben Fehler. Konzentriere deine Streitkräfte auf einen entscheidenden Punkt. Wenn du planst, frontal anzugreifen, konzentriere dort deine besten Truppen und Ressourcen. Der erste Schlag trifft oft auf den geringsten Widerstand – und eine frühe Niederlage ist für den Feind schwer zu überwinden. Das Beispiel der Tapferen inspiriert die Zögernden: Sie folgen dem vorbereiteten Pfad gern, aber haben nicht die Kraft, sich selbst einen zu bahnen.

Wenn du die linke Flanke des Feindes angreifen willst, **täusche alle sichtbaren Vorbereitungen in diese Richtung an und stelle deine schwächeren Kräfte auf die rechte Seite**[42]. Umgekehrt: Wenn dein Plan ein Angriff von rechts ist, richte all deine besten Truppen und Aufmerksamkeit dorthin.

Passe dich der Situation an:

- Ein Kommandant mit weniger Truppen muss sich darauf konzentrieren, auf die Handlungen des Feindes vorbereitet zu sein.
- Ein Kommandant mit zahlenmäßiger Überlegenheit muss den Feind dazu zwingen, sich auf ihn vorzubereiten.

Doch das ist nicht alles. Das Schlachtfeld zu kennen ist entscheidend – aber ebenso wichtig ist das Verständnis des richtigen Zeitpunkts für den Kampf: Tag, Stunde, sogar der genaue Moment. Das verlangt sorgfältige Berechnung und darf nie übersehen werden.

Ist der Feind weit entfernt, halte dich über jede seiner Bewegungen informiert. Verfolge seinen Weg täglich, auch wenn du scheinbar reglos in deinem Lager verweilst. Beobachte alles, was er tut – selbst wenn deine

[42] Dies ist ein Beispiel für eine vorgetäuschte Absicht, bei der ein General den Feind durch die Illusion von Stärke an einem Ort in die Irre führt, während die tatsächliche Streitmacht an einer anderen Stelle konzentriert wird.

Augen ihn nicht sehen. Höre seine Absichten – selbst wenn deine Ohren ihn nicht hören. Verstehe sein Handeln, als würdest du seinen Geist lesen, erkenne seine Ängste und Hoffnungen.

Mit vollkommenem Wissen über seine Pläne, Bewegungen und Entscheidungen wirst du ihn dorthin führen, wo du ihn haben willst. Du wirst ihn zwingen, so zu lagern, dass seine Front nicht von seinem Rücken gestützt wird und seine rechte Flanke die linke nicht unterstützen kann. Dadurch wirst du ihn am Ort und zur Zeit deiner Wahl angreifen.

Vor dem festgelegten Tag der Schlacht halte den richtigen Abstand zum Feind. Weder zu nah noch zu fern. Das nächste, was du dich ihm nähern solltest, sind wenige Li, das weiteste zehn Li.

Strebe kein Heer an, das zu groß ist; übermäßige Zahlen richten oft mehr Schaden als Nutzen an. Eine kleine, gut disziplinierte Armee unter dem Kommando eines fähigen Generals ist unbesiegbar. Was nützten dem **König von Yue seine vielen prächtigen Truppen im Krieg gegen den König von Wu?**[43] Trotz seiner Überzahl wurde er vom König von Wu, der nur ein kleines, aber effektives Heer führte, geschlagen und unterworfen. Dem König von Yue blieb nichts als bittere Erinnerungen und ewige Schande wegen seiner schlechten Führung.

Sieg ist keine Frage des Zufalls – er kann erschaffen werden. Selbst wenn der Feind zahlreich ist, kann ich ihn daran hindern, in den Kampf zu ziehen. Wenn er über meine militärische Lage im Unklaren bleibt, kann ich ihn mit seinen eigenen Vorbereitungen beschäftigen und ihm so die Zeit und Konzentration rauben, um gegen mich zu planen.

1. **Erkenne die Pläne des Feindes**, und du wirst wissen, welche Strategien erfolgreich sind und welche scheitern.

2. **Störe ihn und zwinge ihn**, seine Kampfaufstellung offenzulegen.

3. **Prüfe seine Vorbereitung**, um sein Schlachtfeld zu entdecken.

[43] Dies bezieht sich auf den historischen Konflikt zwischen den Staaten Wu und Yue während der Frühlings- und Herbstperiode. Obwohl Yue über eine größere Armee verfügte, wurde der König von Yue von der kleineren, aber disziplinierteren Armee des Königs von Wu besiegt. Dies zeigt, dass Qualität und Strategie wichtiger sein können als reine Masse.

4. **Teste ihn, um zu erkennen**, wo er stark ist und wo es ihm an Stärke fehlt.

5. **Meistern die Kunst der Formlosigkeit**. Stelle deine Truppen ohne erkennbare Struktur auf; so können selbst die schärfsten Spione deine Pläne nicht aufdecken, und die klügsten Strategen können deine Bewegungen nicht vorhersagen.

6. **Ich entwerfe meine Siegespläne mit Strategie und Struktur**, aber die Massen verstehen das oft nicht. Sie sehen nur die sichtbaren Aktionen meiner Armee, aber nicht das Dao, durch das der Sieg erreicht wird.

7. **Wenn ich eine Schlacht gewinne**, wiederhole ich meine Taktik nicht, sondern passe mich den Gegebenheiten an und nutze unendlich viele Varianten des Dao.

Wenn du jedoch ein kleines Heer befehligst, fordere niemals unbedacht ein größeres heraus. Eine solche Entscheidung erfordert sorgfältige Überlegung. Mit dem Wissen, das ich beschrieben habe, wirst du erkennen, ob du angreifen oder dich verteidigen, ob du verharren oder vorrücken solltest. Wenn du zum Kampf gezwungen wirst, entscheidet dieses Wissen darüber, ob du siegst oder unterliegst.

Durch das Beobachten der Haltung deiner Feinde kannst du vorhersagen, ob du triumphieren oder scheitern wirst, ob du Verlust erleidest oder Rettung findest. Und wenn du planst, zuerst zuzuschlagen, tue das erst, wenn du sichergestellt hast, dass dir alles Notwendige für den Erfolg zur Verfügung steht.

Im Moment der Aktion beobachte aufmerksam die ersten Ausdrücke und Bewegungen deiner Soldaten. Achte auf ihre anfängliche Haltung – ihren Eifer oder ihre Gleichgültigkeit, ihre Furcht oder ihren Mut – und ziehe aus diesen Signalen Rückschlüsse auf Sieg oder Niederlage. Das erste Verhalten eines Heeres, das sich auf den Kampf vorbereitet, täuscht selten.

Es gibt Armeen, die nach einem großen Sieg völlig zerschlagen worden wären, wenn die Schlacht nur einen Tag oder sogar ein paar Stunden früher stattgefunden hätte. Timing ist alles.

Truppen sollten sich wie fließendes Wasser verhalten.[44] So wie Wasser Höhen meidet und zu tiefen Stellen fließt, so meidet eine Armee starke Punkte und schlägt dort zu, wo der Feind schwach ist.

Wenn die Quelle eines Flusses hoch liegt, fließt das Wasser schnell. Liegt sie fast auf gleicher Höhe, ist der Fluss langsam und kaum wahrnehmbar. Wo Leere ist, füllt Wasser sie von selbst und sucht jeden verfügbaren Auslass. Wo ein Übermaß herrscht, bahnt es sich einen Weg, um sich anderswo zu entladen.

Wenn du als Anführer Leere in deinen Reihen bemerkst, fülle sie. Ist etwas im Überfluss vorhanden, reduziere es. Ist etwas zu hoch, senke es; ist etwas zu niedrig, hebe es an. Passe deine Streitkräfte dem Gelände an, so wie sich Wasser seiner Umgebung anpasst.

Wasser fließt je nach Form des Landes, und ebenso muss sich deine Armee dem Terrain anpassen, auf dem sie operiert. Wasser kann ohne Gefälle nicht fließen, und Truppen können ohne wirksame Führung keinen Sieg erringen.

Ein fähiger General macht sich selbst die gefährlichsten und kritischsten Situationen zunutze. Er formt nicht nur die Strategie und Struktur seiner eigenen Armee, sondern beeinflusst auch die Bewegungen und Reaktionen des Feindes.

Truppen haben – unabhängig von ihrem Ausgangspunkt – keine festgelegten Eigenschaften, die sie von Natur aus unbesiegbar oder schwach machen. Selbst die unerfahrensten Soldaten können durch richtige Führung und Disziplin zu ausgezeichneten Kriegern geformt werden.

Handle stets nach diesem Prinzip: Lasse niemals eine Gelegenheit verstreichen, wenn die Bedingungen günstig sind. Betrachte, wie die Natur funktioniert:

---

[44] Das Wasser-Motiv spiegelt den daoistischen Einfluss in Sun Tzus Philosophie wider. Die Fähigkeit des Wassers, sich an seine Umgebung anzupassen, den Weg des geringsten Widerstands zu gehen und über Zeit hinweg Kraft zu sammeln, macht es zu einer passenden Metapher für militärische Strategie.

- **Die fünf Elemente**[45] sind nicht überall auf die gleiche Weise rein.
- **Die vier Jahreszeiten** verlaufen nicht jedes Jahr gleich.
- Die Sonne geht nicht jeden Tag am selben Punkt auf und unter.
- Tage können lang oder kurz sein.
- Der Mond nimmt zu und ab – er bleibt nie gleich hell.

Eine gut geführte und disziplinierte Armee ahmt diese natürlichen Veränderungen nach. Sie passt sich flexibel den Umständen an und nutzt die einzigartigen Bedingungen jedes Moments zu ihrem Vorteil.

---

[45] Die fünf Elemente (wu xing – Holz, Feuer, Erde, Metall und Wasser) sind grundlegende Bestandteile der chinesischen Kosmologie. Ihre Wechselwirkungen und Veränderungen stehen sinnbildlich für den ständigen Wandel und die Unvorhersehbarkeit in der Natur und im Krieg.

Analyse von Kapitel 6

Dieses Kapitel dreht sich ganz um das Wissen, wann und wo man handeln sollte. Sun Tzu betont, dass Erfolg durch Vorbereitung, Anpassungsfähigkeit und ein klares Verständnis der Stärken und Schwächen sowohl der eigenen Armee als auch der des Feindes entsteht. Ein General muss immer mehrere Schritte vorausdenken – den besten Ort für das Lager wählen, den richtigen Moment für den Angriff bestimmen und den Feind sogar so manipulieren, dass er genau das tut, was man will.

Einer der wichtigsten Punkte hier ist die Bedeutung von Täuschung. Sun Tzu erklärt, wie man den Feind mit verlockenden Möglichkeiten in Fallen lockt – Angebote, die attraktiv wirken, aber in Wirklichkeit Teil eines größeren Plans sind. Gleichzeitig warnt er davor, die eigenen Absichten offenzulegen. Ein großartiger General hält seine Bewegungen, Stärken und Schwächen verborgen, sodass der Feind gezwungen ist, sich zu überdehnen und seine Kräfte zu zerstreuen.

Das Kapitel ist auch stark von der Natur inspiriert. Sun Tzu vergleicht eine Armee mit Wasser – sie sollte sich dem Gelände anpassen, Hindernissen ausweichen und dorthin fließen, wo der Gegner schwach ist. Er betont auch das Timing: Zu früh oder zu spät zu handeln, kann den Unterschied zwischen Sieg und Niederlage ausmachen. Wer den Feind genau beobachtet und auf den richtigen Moment wartet, kann dann zuschlagen, wenn er am verletzlichsten ist.

Zentrale Lektionen aus Kapitel 6

1. **Vorbereitung und Standort sind entscheidend:** Ein gutes Lager zur richtigen Zeit am richtigen Ort kann über Sieg oder Niederlage entscheiden. Wähle dein Terrain mit Bedacht, und sorge dafür, dass der Feind deine Bewegungen nicht vorhersehen kann.

2. **Täuschung ist der Schlüssel:** Bringe den Feind dazu, das zu tun, was dir nützt – durch falsche Versprechungen und trügerische Chancen. Verstecke deine wahren Absichten und sei niemals berechenbar.

3. **Greife Schwächen an, verteidige Stärken:** Vermeide direkte

Konfrontationen dort, wo der Feind gut vorbereitet ist. Stattdessen solltest du dort angreifen, wo er verwundbar ist – und deine eigenen Schwachstellen absichern, indem du sie unerwartet stärkst.

4. **Teile und herrsche:** Wenn der Feind seine Truppen aufteilt, konzentriere deine Kräfte auf einen Teil zur Zeit. Selbst eine kleinere Armee kann durch kluges Ressourcenmanagement den Sieg erringen.

5. **Timing ist alles:** Stürze dich nicht kopflos in die Schlacht, aber zögere auch nicht zu lange. Der richtige Moment entscheidet. Beobachte den Feind genau, um seinen schwächsten Punkt zu finden.

6. **Anpassungsfähigkeit bedeutet Stärke:** Wie Wasser, das sich flexibel an das Gelände anpasst, sollte auch eine Armee beweglich bleiben. Flexibilität ermöglicht es, auf unerwartete Herausforderungen und Chancen angemessen zu reagieren.

7. **Beobachtung und Aufmerksamkeit:** Behalte die Bewegungen des Feindes ständig im Auge – auch aus der Ferne. Wer seine Absichten kennt, kann das Schlachtfeld kontrollieren und den Gegner in eine gewünschte Position zwingen.

8. **Führung bestimmt den Sieg:** Truppen sind wie Wasser – sie nehmen die Form des Geländes an, durch das sie fließen. Ebenso entfalten Soldaten ihr volles Potenzial unter der Führung eines fähigen und anpassungsfähigen Kommandanten.

Kurz gesagt

Dieses Kapitel lehrt, dass großartige Generäle nicht einfach kämpfen – sie gestalten den Kampf. Durch Täuschung, perfektes Timing und Anpassungsfähigkeit kann man die Bewegungen des Feindes lenken, seine Schwächen ausnutzen und dort zuschlagen, wo es am meisten zählt. Der Schlüssel zum Erfolg liegt darin, wie Wasser zu sein: flexibel, präzise und immer bereit, sich anzupassen. Mit sorgfältiger Planung und starker Führung kann selbst die schwierigste Situation zum Sieg führen.

Kapitel 7 – Manövrieren

Sun Tzu sagt:

Sobald der General den Befehl des Herrschers erhält, **in den Krieg zu ziehen, muss er zuerst die Truppen versammeln und das Volk motivieren**[46], sodass die Armee zu einer harmonischen und geschlossenen Einheit wird. Ab diesem Moment liegt der Hauptfokus des Generals darauf, vorteilhafte Lagerplätze zu sichern – denn der Erfolg aller Pläne und jede weitere Handlung hängt in hohem Maße von dieser Aufgabe ab. Doch das ist keine einfache Angelegenheit – es treten unzählige Schwierigkeiten auf, die mit größter Sorgfalt angegangen und überwunden werden müssen, ohne ein einziges Detail zu übersehen.

Sobald die Truppen ihr Lager aufgeschlagen haben, muss alles mit Bedacht abgewogen werden: Nähe und Ferne, Nutzen und Verlust, Anstrengung und Ruhe, Schnelligkeit und Langsamkeit. Es bedeutet, das Entfernte in greifbare Chancen zu verwandeln, selbst im scheinbaren Verlust einen Gewinn zu finden, sinnvolle Arbeit statt schädlicher Untätigkeit zu leisten und aus Langsamkeit schnelles Handeln zu machen. Du musst nah erscheinen, wenn der Feind dich fern glaubt. Du musst echte Vorteile erzielen, auch wenn der Feind denkt, er habe dir geschadet. Du musst produktiv sein, wenn er dich für untätig hält, und aufmerksam und wachsam handeln, wenn er glaubt, du seist träge.

Durch solche Täuschungen wiegst du den Feind in falscher Sicherheit und schlägst genau in dem Moment zu, in dem er am verwundbarsten und am wenigsten vorbereitet ist – ohne ihm Zeit zur Erholung zu lassen.

Die Kunst, mit Entfernungen zu spielen, besteht darin, den Feind von dem Ort fernzuhalten, den du für dein Lager gewählt hast, und auch von allen Positionen, die er als vorteilhaft erachten könnte. Nimm ihm alles, was für ihn nützlich wäre, und halte gleichzeitig alles, was dir einen Vorteil verschafft, in greifbarer Nähe. Gleichzeitig musst du ständig wachsam bleiben, um nicht

---

[46] Eine vereinte Armee ist unerlässlich für effektives Handeln. Dies spiegelt das konfuzianische Ideal der Harmonie (He) wider, bei dem soziale und organisatorische Einheit die Grundlage für den Erfolg bildet. Das Volk hinter sich zu vereinen, sorgt nicht nur für logistische Unterstützung, sondern auch für moralische Rückendeckung durch die Bevölkerung.

überrascht zu werden, und immer nach der perfekten Gelegenheit Ausschau halten, um den Gegner zu überrumpeln.

Um das effektiv umzusetzen, nutze indirekte Routen und verwirre den Feind mit Ablenkungen. Verwende beispielsweise Köder wie ein Stück rotes Leder in Vogelform (einst genutzt, um Falken anzulocken), um den Feind zu täuschen und auf falsche Ziele zu lenken. So kannst du ihn umgehen und dein Ziel schneller erreichen als er. Die Beherrschung dieser Technik zeigt ein tiefes Verständnis von direktem und indirektem Vorgehen.

Außerdem solltest du kleinere Scharmützel nur eingehen, wenn du dir sicher bist, dass sie dir einen echten Vorteil bringen. Und selbst dann – nur wenn es absolut notwendig ist. Doch vor allem: Führe niemals eine große Schlacht, wenn du dir nicht vollkommen sicher bist, dass du sie vollständig gewinnen kannst. In solchen Situationen unüberlegt zu handeln ist extrem gefährlich. Eine schlecht gewählte Schlacht kann zu einer vernichtenden Niederlage führen. Und selbst ein unsicheres oder nur teilweise erfolgreiches Gefecht zerstört die meisten deiner Hoffnungen – du wirst deine Ziele nicht erreichen.

Bevor du dich auf eine entscheidende Konfrontation einlässt, musst du sie lange im Voraus planen und dich entsprechend vorbereiten. Verlasse dich dabei niemals auf Glück. Sobald du dich zur Schlacht entschlossen und alle Vorbereitungen abgeschlossen hast, lagere alles Unnötige an einem sicheren Ort. Befreie deine Truppen von allem, was sie belasten oder verlangsamen könnte – sie sollen nur die Waffen tragen, die sie gut führen können.

Wenn du dein Lager verlässt, um einen potenziellen Vorteil zu verfolgen, stelle sicher, dass dieser Gewinn den Verlust der Vorräte, die du zurücklässt, übersteigt.

Wenn du eine weite Strecke zurücklegen musst, **marschiere Tag und Nacht**[47], und verdopple die übliche Tagesleistung. Positioniere die Elite-Einheiten an der Spitze, die schwächeren Truppen am Ende.

Plane alles im Detail und organisiere jeden Schritt. Greife dann den Feind an, während er noch glaubt, du seist hundert Meilen entfernt. In diesem Fall wird

[47] Erzwungene Märsche waren eine Taktik, um den Überraschungseffekt zu nutzen. Sie mussten jedoch sorgfältig geplant und durchgeführt werden, um eine Übermüdung der Truppen zu vermeiden.

der Sieg beinahe sicher sein.

Doch wenn du tatsächlich hundert Meilen vom Feind entfernt bist, aber nur fünfzig davon zurücklegst, während der Feind ebenfalls fünfzig Meilen auf dich zumarschiert, verschieben sich die Chancen: In zehn möglichen Ausgängen wirst du fünfmal verlieren, und nur zwei- bis dreimal kannst du gewinnen.

Wenn der Feind erst von deinem Vormarsch erfährt, wenn du nur noch dreißig Meilen entfernt bist, bleibt ihm kaum Zeit zur Vorbereitung. Das verschafft dir einen klaren Vorteil, denn er wird Schwierigkeiten haben, sich vollständig auf den Kampf vorzubereiten.

Sobald du ankommst, zögere nicht mit dem Angriff unter dem Vorwand, deinen Truppen Erholung zu gönnen. Ein überraschter Feind ist bereits halb besiegt. Wenn du ihm Zeit zur Erholung gibst, findet er vielleicht einen Ausweg – oder schlimmer noch, schlägt zurück und besiegt dich.

Achte sorgfältig auf alles, was die Ordnung, Gesundheit und Sicherheit deiner Truppen betrifft, solange sie unter deinem Kommando stehen. Sorge dafür, dass die Waffen deiner Soldaten stets in einwandfreiem Zustand sind. Besorge nahrhafte und ausreichende Verpflegung; stelle sicher, dass Vorräte frühzeitig gesammelt werden. Wenn deine Truppen schlecht ausgerüstet sind, das Essen knapp ist oder es an Nachschub mangelt, verringern sich deine Erfolgschancen erheblich.

Unterschätze niemals die Bedeutung geheimer Kommunikation mit ausländischen Gesandten. Bleibe stets informiert über die Pläne verbündeter oder tributpflichtiger Herrscher sowie über die Absichten – seien sie gut oder schlecht – von Personen, die den Willen deines eigenen Herrschers beeinflussen könnten. Deren Befehle oder Verbote könnten deine Pläne durchkreuzen und all deine Bemühungen zunichtemachen.

Deine Klugheit und dein Mut allein reichen nicht aus, um sich dauerhaft gegen Intrigen oder schlechten Rat durchzusetzen. Um dich davor zu schützen, konsultiere sie gelegentlich so, als würdest du ihren Rat wirklich brauchen. Mache ihre Freunde zu deinen Freunden, sorge dafür, dass sich eure Interessen nicht widersprechen, und gib in kleinen Dingen nach. Kurz gesagt: Pflege die engstmögliche Einheit mit ihnen.

Habe ein genaues und umfassendes Verständnis deiner Umgebung. Kenne jeden Wald, Hain, Fluss, Bach, jedes trockene oder felsige Gebiet, jeden Sumpf, jeden Berg, Hügel, jede Anhöhe, jedes Tal, jede Schlucht, jeden Pass und jede offene Ebene. Wisse, was deinen Truppen nützt und was ihnen schaden kann. Wenn du die Vor- und Nachteile des Geländes nicht selbst einschätzen kannst, verlasse dich auf zuverlässige ortskundige Führer.

Die militärische Stärke hängt davon ab, wie sie sich nach außen darstellt. Bewege dich nur, wenn du im Vorteil bist, und verändere das Kräfteverhältnis, indem du deine Truppen je nach Bedarf zerstreust oder konzentrierst.

In Zeiten des Friedens soll dein Lager so ruhig sein wie ein dichter Wald. Wenn es Zeit zum Handeln ist, sollen deine Bewegungen und dein Lärm wie der Donner grollen. Stehe fest wie ein Berg, doch wenn es ans Plündern geht, sei so schnell und heftig wie ein Feuer. Um den Feind zu blenden, sei so plötzlich und durchdringend wie ein Blitz. Verberge deine Pläne mit der Undurchdringlichkeit der Nacht. Und handle niemals ohne Absicht. Jeder Trupp, den du ausschickst, sollte mit der Hoffnung – besser noch der Gewissheit – eines greifbaren Vorteils operieren.

Um Harmonie und Zufriedenheit unter deinen Truppen zu wahren, verteile alle erbeuteten Güter mit Genauigkeit und Gerechtigkeit.

Der Sieg liegt in der Kunst, direkte und indirekte Vorgehensweisen zu meistern. Das ist der Kern strategischer Konfrontation.

Darüber hinaus muss auch die Art und Weise perfektioniert werden, wie Befehle gegeben und ausgeführt werden. Es wird Situationen geben, in denen viele deiner Soldaten dich weder sehen noch hören können. In solchen Fällen nutze Trommeln, Standarten und Fahnen als Ersatz für deine Stimme und deine Präsenz. Bringe deinen Truppen bei, alle Signale, die du einsetzen könntest, zu erkennen und zu verstehen.

Wenn du dich nachts bewegen musst, gib deine Befehle mit dem Klang vieler Trommeln. Für Aktionen bei Tageslicht verwende Fahnen und Standarten, um deine Absichten klar zu machen.

Nachts schreckt das Trommeln den Feind ab und stärkt den Mut deiner Truppen. Tagsüber hält die Helligkeit und Vielfalt der Fahnen – ihre Farben,

Bewegungen und Anordnungen – deine Soldaten wachsam und motiviert. Gleichzeitig verwirrt und verunsichert dieses Spektakel den Feind.

Diese Strategie ermöglicht es dir nicht nur, deine Pläne effizient an die gesamte Armee zu übermitteln, sondern erschöpft zusätzlich deinen Gegner. Indem du ihn zwingst, ständig auf der Hut zu sein, erzeugst du Unsicherheit über deine wahren Absichten und pflanzt eine anhaltende Angst vor dem, was als Nächstes kommt.

Wenn ein tapferer Einzelner den Wunsch äußert, sich allein außerhalb der Reihen dem Feind zu stellen, erlaube es nicht. Solche Männer kehren selten zurück. Sie werden meist Opfer von Hinterhalt oder schierer Überzahl.

Wenn du merkst, dass deine Truppen eifrig und motiviert sind, nutze diesen Moment, um ihren Enthusiasmus auszuschöpfen. Ein fähiger General weiß, wie man günstige Gelegenheiten schafft und erkennt. Doch ein weiser Anführer sollte auch die Meinung seiner Offiziere einholen und aus ihrer Erfahrung lernen – besonders, wenn ihr Rat dem Gemeinwohl dient.

Die Moral und das Können einer Armee können schwinden – ebenso wie der Mut eines Kommandanten nachlassen kann.

Am frühen Morgen sind die Gedanken scharf und konzentriert; im Laufe des Tages werden sie stumpf, und am Abend sind sie mit Heimweh erfüllt.

Mei Yao-tchen bemerkt, dass Morgen, Tag und Abend die Phasen eines langen Feldzugs widerspiegeln[48].

Daher: Wenn du planst, den Feind anzugreifen, wähle einen Zeitpunkt, zu dem seine Truppen wahrscheinlich müde oder geschwächt sind. Wenn deine eigenen ausgeruht und bereit sind, hast du einen klaren Vorteil. Das ist ein Beispiel für die Kontrolle über den moralischen Faktor.

Wenn du Ordnung und Disziplin in den Reihen des Feindes erkennst, warte auf Zeichen von Unordnung, bevor du angreifst. Wenn dir seine Nähe Unbehagen bereitet oder deine Strategie stört, ziehe dich zurück und

---

[48] Mei Yao-chens Kommentar bringt den natürlichen Ablauf eines Tages mit dem Lebenszyklus eines Feldzugs in Verbindung. Die frühe Phase erfordert Planung und Energie, doch mit der Zeit schleichen sich Ermüdung und Selbstzufriedenheit ein – beides muss mit Bedacht gesteuert werden.

überdenke alles in Ruhe. Das zeigt Kontrolle über den mentalen Faktor.

Wenn der Feind Eifer und Kampfeslust zeigt, warte, bis seine Begeisterung abklingt. Lass ihn sich langweilen oder erschöpfen, bevor du handelst. Das ist Kontrolle über den physischen Faktor.

Wenn der Feind sich auf höheres Gelände zurückzieht, verfolge ihn nicht. Wenn du dich auf ungünstigem Terrain befindest, bleibe nicht dort – passe deine Strategie an. Vermeide Kämpfe, wenn der Feind geordnete Banner und starke Formationen zeigt. Das ist Kontrolle über die sich wandelnden Umstände.

Wenn der Feind aus Verzweiflung kämpft – bereit zu siegen oder zu sterben – meide die direkte Konfrontation.

Wenn du den Feind einkreisst, lasse ihm stets einen Ausweg. Wenn er sein Lager in Hoffnungslosigkeit verlässt, um eine neue Stellung zu suchen, hindere ihn nicht daran. Wenn er schnell und beweglich ist, verschwende deine Kräfte nicht damit, ihn zu verfolgen. Wenn er mittellos ist, zwinge ihn nicht zu verzweifelten Maßnahmen. Dränge einen Feind, der nichts mehr zu verlieren hat, niemals zu hart.

Dies sind die wichtigsten Prinzipien, um Vorteile zu sichern, wenn man eine Armee führt und einem Gegner gegenübersteht, der ebenso klug und mutig ist wie man selbst. Ein solcher Feind kann nur mit den kleinen, wohlüberlegten Strategien besiegt werden, die ich dir gerade dargelegt habe.

Analyse von Kapitel 7

Kapitel 7 konzentriert sich auf die Kunst der Bewegung im Krieg – wie man seine Truppen strategisch verlegt, den Feind überlistet und den Sieg erringt, während man unnötige Risiken vermeidet. Sun Tzu betont die Bedeutung von Vorbereitung, Anpassungsfähigkeit und Timing. Das Kapitel lehrt, dass der General seine Streitkräfte vereinen und strategisch wichtige Positionen sichern muss, indem er kluge Taktiken einsetzt, um den Feind zu täuschen und ihm zuvorzukommen.

Im Kern geht es in diesem Kapitel darum, Nachteile in Vorteile zu verwandeln. Wenn der Feind glaubt, dass du weit entfernt bist, musst du blitzschnell zuschlagen. Wenn er denkt, du seist untätig, zeige ihm deine Stärke. Das Ziel ist, ihn ständig im Unklaren zu lassen – das schafft Gelegenheiten für entschlossene Handlungen.

Sun Tzu warnt vor überstürzten Entscheidungen, besonders davor, Kämpfe ohne klaren Plan oder Vorteil einzugehen. Ein General muss sicherstellen, dass das Heer gut vorbereitet, ausreichend versorgt und mit dem Gelände vertraut ist. Durch kluge Täuschung, das Nutzen indirekter Routen und das Schaffen von Verwirrung kann man schneller als der Feind das Ziel erreichen und ihn überraschen.

Er hebt auch die Bedeutung von Moral, Disziplin und Einigkeit hervor. Die Truppen müssen motiviert sein, und die Beute muss fair verteilt werden, um Unzufriedenheit zu vermeiden. Kommunikation ist entscheidend – sei es durch Signale wie Trommeln und Fahnen oder durch klare Führung. Auch das Timing zählt: Angreifen, wenn der Feind schwach, müde oder desorganisiert ist – nicht, wenn er stark und bereit ist.

Zentrale Lehren aus Kapitel 7

1. **Einheit und Vorbereitung:** Bevor du in den Krieg ziehst, stelle sicher, dass deine Truppen vereint und vorbereitet sind. Der Grundstein für den Sieg ist ein diszipliniertes, gut geführtes Heer.

2. **Täuschung und Flexibilität:** Bringe den Feind durcheinander, indem du nah erscheinst, wenn du fern bist – und umgekehrt. Nutze Umwege und Ablenkungen, um ihn zu verwirren.

3. **Timing und Vorteil:** Schlage zu, wenn der Feind verwundbar ist – müde, unorganisiert oder zu selbstsicher. Vermeide Kämpfe, wenn er stark und wachsam ist.

4. **Effiziente Bewegung:** Bewege dich schnell und zielgerichtet. Wenn du eine große Distanz überwinden musst, reise mit leichtem Gepäck, setze auf Tempo und platziere deine stärksten Einheiten vorne.

5. **Moral und Fairness:** Halte die Moral hoch, indem du deine Truppen gut behandelst, sie ausreichend versorgst und Beute gerecht verteilst.

6. **Strategische Kommunikation:** Nutze Signale wie Trommeln und Fahnen, um auf dem Schlachtfeld zu kommunizieren – deine Pläne sollen deinem Heer klar sein, dem Feind jedoch verborgen bleiben.

7. **Verzweiflung ist gefährlich:** Ein in die Ecke gedrängter Feind ist unberechenbar. Lasse ihm einen Fluchtweg, um extreme Reaktionen zu vermeiden, die deinen Sieg gefährden könnten.

8. **Anpassungsfähigkeit:** Passe deine Pläne stets an das Gelände, die Bewegungen des Feindes und sich verändernde Umstände an. Eine starre Strategie versagt gegen einen dynamischen Gegner.

Kurz gesagt

Kapitel 7 erinnert uns daran, dass es im Krieg nicht um rohe Gewalt geht, sondern um Strategie, Timing und Anpassungsfähigkeit. Ein guter General weiß, wann er handeln muss, wie er den Feind verwirrt und wie er seine Truppen motiviert und vereint hält. Es ist ein Balanceakt – zu wissen, wann man vorrücken, wann man innehalten und wie man den Gegner an jeder Ecke überlisten kann. Der Erfolg kommt durch sorgfältige Planung und clevere Umsetzung, nicht durch rücksichtsloses Handeln.

Kapitel 8 – Abwandlung der Taktiken

Sun Tzu sagt:

Die Aufstellung und der Einsatz von Armeen ist in der Regel Aufgabe des Oberbefehlshabers, nachdem der Herrscher ihm das Vertrauen ausgesprochen hat, das Volk zu mobilisieren und die Streitkräfte zu führen.

I. Wenn du dich in sumpfigem Gelände befindest, das zu Überschwemmungen neigt, in dichten Wäldern, steilen Bergen, kargen und trockenen Gegenden mit nur wenigen Bächen und Flüssen, oder an Orten, wo Unterstützung schwer erreichbar ist und du keine verlässliche Rückendeckung hast – dann verlasse diesen Ort so schnell wie möglich. Suche dir ein offenes, weites Gebiet, in dem deine Truppen sich ausbreiten, frei manövrieren und bei Bedarf problemlos unterstützt werden können.

II. Vermeide es, dein Lager an abgelegenen Orten aufzuschlagen. Wenn du es dennoch tun musst, bleibe nur so lange wie absolut notwendig. Unternimm sofort wirksame Schritte, um sicher und geordnet abzuziehen.

III. Wenn du weit entfernt von Wasserquellen, Flüssen oder Brunnen bist oder dich in einer Gegend befindest, in der Vorräte und Futter knapp sind, solltest du nicht verweilen. Bevor du ein Lager errichtest, vergewissere dich, dass der Standort Schutz bietet – etwa durch einen nahen Berg, der dich vor feindlichen Überraschungen bewahren kann – und dass es einfache Wege zum Rückzug und zur Versorgung gibt. Wenn diese Bedingungen erfüllt sind, nutze die Gelegenheit und mache diesen Ort zu deiner Basis.

IV. Was ich einen „Ort des Todes“ nenne, ist ein Ort, an dem Ressourcen nicht vorhanden sind, das Klima rau ist, die Vorräte schwinden und keine Aussicht auf Nachschub besteht, während Krankheiten sich in deiner Armee ausbreiten und drohen, alles zu zerstören. In solch verzweifelten Umständen musst du den Kampf suchen. Deine Truppen, die den Ernst der Lage erkennen, werden mit unvergleichlicher Entschlossenheit kämpfen. Der Tod durch die Hand des Feindes wird ihnen lieber sein als das langsame, qualvolle Vergehen durch Hunger und Krankheit.

V. Wenn deine Armee – ob durch Zufall oder eigenen Fehler – in engen Pässen gefangen ist, wo Hinterhalte wahrscheinlich sind, Rückzüge schwerfallen und Nachschubwege leicht abgeschnitten werden können, dann greife den Feind nicht an. Sollte der Feind dich jedoch unter solchen Umständen angreifen, kämpfe bis zum Letzten. Gib dich niemals mit einem kleinen Vorteil oder einem Teilsieg zufrieden – es könnte eine Falle sein, die dich vollständig vernichten soll. Bleibe wachsam, selbst wenn du einen scheinbar entscheidenden Sieg errungen hast.

VI. Wenn du weißt, dass eine Stadt – selbst wenn sie klein ist – gut befestigt ist und über ausreichende Waffen und Vorräte verfügt, dann sei äußerst vorsichtig, bevor du sie belagerst. Wenn du diesen Zustand erst bemerkst, nachdem die Belagerung begonnen hat, halte nicht stur daran fest. Eine Fortsetzung unter diesen Bedingungen kann zum völligen Zusammenbruch deiner Kräfte führen und dich zu einem demütigenden Rückzug zwingen.

VII. Unterschätze kleine Vorteile nicht, wenn sie sich sicher und ohne Verluste erreichen lassen. Wer viele kleine, leicht erreichbare Gelegenheiten ignoriert, erleidet auf lange Sicht oft große Verluste und irreparablen Schaden.

VIII. Bevor du einen Vorteil anstrebst, wäge genau ab, welchen Aufwand, welche Härte, welche Kosten und welchen möglichen Verlust an Menschen und Versorgung er erfordern könnte. Beurteile, ob der Gewinn langfristig gesichert werden kann, und entscheide mit vernünftigem Urteilsvermögen, ob du ihn verfolgen oder aufgeben solltest.

IX. In Situationen, die schnelles Handeln verlangen, warte nicht auf Befehle vom Herrscher. Wenn die Umstände erfordern, dass du entgegen früherer Anweisungen handeln musst, dann tue dies ohne Zögern oder Angst. Die Hauptaufgabe dessen, der dir das Kommando übertragen hat, ist es, dass du den Sieg erringst. Hätte der Herrscher die Lage, in der du dich jetzt befindest, vorhersehen können, hätte er dir genau zu dem geraten, was du nun zu tun gedenkst.

Diese neun Überlegungen – was ich die „neun Veränderungen" nenne – sollten dich dabei leiten, wie du die Haltung oder Position deiner Armee anpasst.

Sie bestimmen, wann man vorrückt oder sich zurückzieht, wann man angreift oder verteidigt, und wann man handeln oder abwarten sollte.

Ein guter General darf niemals sagen: **„Egal was passiert, ich werde genau das tun – ich werde dorthin marschieren, ich werde den Feind angreifen, ich werde diese Stadt belagern.“**

Nur die Umstände dürfen über das Handeln entscheiden. Ein General darf sich nicht an starre Systeme klammern oder sich auf nur eine einzige Methode des Regierens verlassen. Jeder Tag, jede Gelegenheit und jede Lage erfordern eine spezifische und angemessene Anwendung derselben Grundprinzipien. Auch wenn die Prinzipien an sich richtig sind, kann ihre falsche oder starre Anwendung zum Scheitern führen.

Ein großartiger General muss die Kunst der Anpassung beherrschen. Wenn ein Kommandeur an einem oberflächlichen Verständnis der Prinzipien festhält, Regeln mechanisch anwendet oder ihm die Flexibilität fehlt, sich verändernden Bedingungen anzupassen, ist er ungeeignet zum Führen. Ein starrer Geist, das Vertrauen auf Routine oder Entscheidungen, die auf vereinfachten Mustern beruhen – all das kennzeichnet einen ungeeigneten Anführer.

Ein General trägt eine enorme Verantwortung. Er führt und befehligt große Menschenmengen. Deshalb muss er die Fähigkeit besitzen, effektiv zu führen. Er muss mit Würde, Intellekt, Wissen, Können, Entschlossenheit, Mut und Tugend führen. Ein wahrer Anführer muss echte Vorteile von scheinbaren unterscheiden können, reale Verluste von oberflächlichen Rückschlägen. Er muss Gewinne und Verluste weise abwägen und jede Ressource strategisch einsetzen.

Ein General muss wissen, wann er List einsetzen muss, um den Feind zu täuschen – und gleichzeitig immer wachsam bleiben, um selbst nicht getäuscht zu werden. Er muss Fallen voraussehen, die Pläne des Feindes aufdecken und ihre Strategien durchschauen. Aber er sollte keine voreiligen Vermutungen anstellen. Stattdessen soll er beobachten, das Verhalten und die Bewegungen des Feindes analysieren – und dann entschlossen handeln. Alles andere birgt die Gefahr, falschen Annahmen zu erliegen oder Opfer waghalsiger Spekulationen zu werden.

Um das Gewicht seiner Verantwortung tragen zu können, muss ein General auf die härtesten Herausforderungen vorbereitet sein und mit den schwierigsten Umständen rechnen. Er muss unermüdlich daran arbeiten, dem Feind Schwierigkeiten zu bereiten. Dies lässt sich auf mehrere Arten erreichen, doch bestimmte Taktiken sind entscheidend:

- Besteche die stärksten und fähigsten Mitglieder der feindlichen Reihen mit Angeboten, Geschenken und Schmeicheleien. Kein Mittel darf ungenutzt bleiben.
- Bringe ehrenhafte Personen in Verruf, indem du sie zu schändlichen Taten verleiten lässt, deren Enthüllung ihnen Schande bringt – und sorge dann dafür, dass genau diese Taten öffentlich werden.
- Knüpfe heimlich Verbindungen zu den korruptesten Individuen im feindlichen Lager und nutze sie für deine Zwecke.

Zerstöre die interne Struktur des Feindes. Säe Zwietracht unter den Anführern, provoziere Streitigkeiten zwischen ihnen und ermutige Untergebene zur Rebellion oder dazu, Autoritäten infrage zu stellen. Schüre Unzufriedenheit sowohl bei Offizieren als auch bei einfachen Soldaten. Sorge dafür, dass der Feind keinen Zugang zu lebenswichtigen Gütern wie Nahrung oder Munition hat.

Schwäche ihre Moral: Verbreite verführerische Musik, um ihre Herzen zu erweichen. Schicke Frauen, um sie zu verführen und zu verderben, und störe ihren Sinn für Disziplin. Manipuliere ihre Bewegungen: Bring sie dazu, das Lager zu verlassen, wenn sie bleiben sollten, oder zur Untätigkeit, wenn sie aktiv sein sollten. Täusche sie immer wieder mit falschen Alarmen und irreführenden Informationen.

Gewinne die Gouverneure ihrer Provinzen für dich und nutze die Schwächen in ihren Reihen aus. Dies sind die wesentlichen Strategien, um den Feind durch List und Täuschung zu besiegen.

Die größten Generäle der Vergangenheit zeichneten sich durch Weisheit, Weitblick, Mut und unermüdlichen Arbeitseifer aus. Sie waren immer vorbereitet, mit dem Schwert an ihrer Seite, ohne je zu glauben, dass der Feind sie nicht angreifen würde. Sie waren auf jede Möglichkeit gefasst und machten sich durch Vorbereitung unangreifbar. Wenn sie dem Feind gegenüberstanden, brauchten sie keine Verstärkung, denn ihre Truppen waren diszipliniert, ausgebildet und bereit, auf einen einzigen Befehl zu handeln.

Für diese Generäle stand das Studium und die Vorbereitung immer an erster Stelle. Sie befestigten ihre Städte und schützten ihre Grenzen mit Sorgfalt. Sie mieden es, den Feind anzugreifen, wenn dieser voll vorbereitet und kampfbereit war. Stattdessen schlugen sie zu, wenn der Feind schwach, selbstzufrieden oder träge war.

Bevor ich diese Ausführungen abschließe, muss ich dich vor fünf bestimmten Gefahren warnen, die besonders tückisch sind – gerade weil sie oft weniger bedrohlich erscheinen, als sie tatsächlich sind. Es sind tödliche Fallstricke, in denen selbst Klugheit und Tapferkeit schon versagt haben:

I. Rücksichtslose Tapferkeit

Die erste Gefahr ist eine übermäßige Bereitschaft, den Tod zu suchen – eine Form von waghalsigem Mut, die oft mit Begriffen wie Heldenmut, Unerschrockenheit oder Tapferkeit verherrlicht wird, in Wirklichkeit jedoch nicht viel mehr als eine maskierte Feigheit ist.

Ein General, der sich unnötig wie ein gewöhnlicher Soldat der Gefahr aussetzt, der das Risiko und den Tod geradezu sucht oder seine Truppen ohne triftigen Grund bis zum bitteren Ende kämpfen lässt, ist kein würdiger Anführer. Eine solche Person ist nicht mutig, sondern töricht – unfähig, in schwierigen Situationen Lösungen zu finden. Solche Menschen sind Feiglinge in Verkleidung: Sie ertragen kein Scheitern, lassen sich von Rückschlägen entmutigen und glauben, alles sei verloren, wenn nicht alles perfekt läuft.

II. Übertriebene Vorsicht

Die zweite Gefahr ist eine übertriebene Sorge um das eigene Leben. Ein General, der sich selbst für unersetzlich hält, geht Risiken aus dem Weg, weigert sich, beim Feind Vorräte zu beschaffen, und sieht überall Bedrohungen.

Diese ständige Zögerlichkeit und Angst vor dem Handeln führen dazu, dass Chancen ungenutzt bleiben – Chancen, die ein aufmerksamer Feind sofort erkennt und ausnutzt. Schon bald findet sich der übervorsichtige General umzingelt, von Nachschub abgeschnitten und schließlich vernichtet – nicht durch Mut, sondern durch übertriebene Selbstsorge.

III. Jähzorn

Die dritte Gefahr ist mangelnde Kontrolle über das eigene Temperament. Ein General, der seine Emotionen nicht beherrschen kann und beim ersten Anflug von Wut oder Empörung aus der Haut fährt, wird unweigerlich in die Fallen des Feindes tappen.

Der Feind wird genau diese Reaktion provozieren und eine Falle nach der anderen stellen – und der Zorn wird den General blind machen für jede dieser Gefahren. In seiner Unbeherrschtheit verliert er die Klarheit des Denkens und stolpert direkt in die ihm gestellten Fallen.

IV. Falsche Ehre

Die vierte Gefahr ist ein fehlgeleitetes Ehrgefühl oder Stolz. Ein General darf sich nicht leichtfertig gekränkt fühlen. Er muss lernen, seine Gefühle zu verbergen, darf sich von Rückschlägen nicht entmutigen lassen und darf nie glauben, alles sei verloren wegen eines einzigen Fehlers.

Wer unüberlegt handelt, um seinen "guten Ruf" wiederherzustellen, nachdem er einen kleinen Makel erlitten hat, verliert oft alles – unwiederbringlich.

V. Übermäßiges Mitgefühl

Die fünfte und letzte Gefahr ist ein übertriebenes Mitgefühl gegenüber den eigenen Soldaten. Ein General, der Verfehlungen nicht bestraft, Unordnung duldet oder Aufgaben vermeidet, aus Angst, seine Truppen zu überfordern, führt seine Armee ins Verderben.

Soldaten müssen Härte ertragen – sie brauchen Aufgaben und Herausforderungen. **Untätigkeit führt zu Disziplinlosigkeit und Schwäche**[49].

Bestrafung muss konsequent, aber nicht grausam sein. Arbeit und Belastung

[49] Sun Tzu betont, wie wichtig es ist, Soldaten mit sinnvollen Aufgaben zu beschäftigen – sowohl zur Aufrechterhaltung der Disziplin als auch zur Vorbereitung auf die Härten des Krieges. Müßiggang kann zur Selbstzufriedenheit führen – eine gefährliche Schwäche im Krieg.

müssen gefordert, aber in einem vernünftigen Maß auferlegt werden. Nur eine disziplinierte und aktive Armee ist stark.

Ein General muss sich vor all diesen Gefahren schützen. Er darf weder das Leben übermäßig suchen noch den Tod leichtfertig riskieren – sondern muss mit Mut und Klugheit handeln, je nachdem, was die Lage erfordert.

Wenn es einen berechtigten Grund für Zorn gibt, soll er ihn ausdrücken – aber nicht wild und unbeherrscht. Wenn seine Ehre verletzt wurde und er sie wiederherstellen möchte, soll er das mit Weisheit tun – nicht aus verletztem Stolz. Er soll seine Soldaten lieben und für sie sorgen – aber mit Maß und Verstand.

Auf dem Schlachtfeld, bei Truppenbewegungen, bei Belagerungen und in Vorstößen muss ein General Klugheit mit Mut und Weisheit mit militärischer Stärke verbinden.

Fehler werden geschehen – aber wenn sie auftreten, soll er sie ruhig und entschlossen korrigieren. Gleichzeitig soll er jede Gelegenheit nutzen, die Fehler des Feindes auszubeuten und ihn in Situationen treiben, in denen weitere Fehler unausweichlich sind.

Analyse von Kapitel 8

Kapitel 8 betont, wie wichtig Anpassungsfähigkeit im Krieg ist und warnt vor starrem Denken. Sun Tzu erinnert uns daran, dass kein Plan unverändert bleibt – der Erfolg hängt davon ab, ob ein General in der Lage ist, die Situation richtig zu lesen und seine Taktik entsprechend anzupassen. Er beschreibt verschiedene Szenarien wie sumpfiges Gelände, abgelegene Orte und versorgungsarme Regionen – alles Situationen, die kluges Urteilsvermögen und schnelles Handeln erfordern.

In diesem Kapitel führt Sun Tzu auch das Konzept der „neun Veränderungen" ein – strategische Grundsätze, die einem General dabei helfen, je nach Situation zu entscheiden, wann man vorrücken, sich zurückziehen, angreifen oder verteidigen sollte. Die Botschaft ist klar: Eine einzige Strategie reicht niemals aus. Ein guter Befehlshaber muss flexibel bleiben, Überheblichkeit vermeiden und nur handeln, nachdem alle verfügbaren Informationen berücksichtigt wurden.

Außerdem warnt Sun Tzu vor menschlichen Schwächen, die einen Anführer zu Fall bringen können: unüberlegter Mut, übermäßige Vorsicht, unkontrollierte Wut, fehlgeleiteter Stolz und übertriebene Nachsicht. Diese emotionalen Fehler führen zu katastrophalen Entscheidungen – deshalb braucht ein General eine Balance aus Mut, Disziplin und Weisheit.

Zentrale Lehren aus Kapitel 8

1. **Passe dich den Umständen an:** Die besten Generäle halten sich nicht sklavisch an feste Pläne. Sie treffen Entscheidungen auf Grundlage der sich ständig verändernden Realität des Schlachtfelds. Ein guter Anführer erkennt gefährliche Situationen rechtzeitig und handelt entschlossen, um die Armee zu schützen und sich Vorteile zu verschaffen.

2. **Die Neun Veränderungen:** Diese Prinzipien dienen als Leitfaden für strategische Entscheidungen: ob man angreifen, sich zurückziehen, vorrücken oder die Position halten soll. Wer handelt, ohne den Kontext zu berücksichtigen, riskiert das Scheitern.

3. **Die Gefahr fataler Schwächen:**

- Unüberlegter Mut: Mut ohne Verstand ist kein Heldentum – es ist Leichtsinn, der die ganze Armee gefährdet.
- Übermäßige Vorsicht: Wer zögert oder aus Angst handelt, verpasst Chancen und riskiert langfristig die Niederlage.
- Unkontrollierte Wut: Ein General, der seine Wut nicht beherrschen kann, wird leicht vom Feind manipuliert.
- Fehlgeleiteter Stolz: Gekränkte Ehre kann zu impulsiven und zerstörerischen Entscheidungen führen.
- Übertriebene Nachsicht: Wer seine Truppen nicht diszipliniert, riskiert Chaos und Schwäche in den eigenen Reihen.

4. **List und Täuschung:** Ein brillanter General nutzt Strategie und Täuschung, um den Feind zu schwächen, seine Moral zu untergraben und Verwirrung zu stiften. Bewegungen des Gegners zu manipulieren, falsche Informationen zu streuen und Schwachstellen auszunutzen – das sind essentielle Werkzeuge des Krieges.

5. **Disziplin und Ausgewogenheit:** Soldaten müssen Härte ertragen und Disziplin wahren, um wirksam zu bleiben. Die Aufgabe des Generals ist es, dieses Gleichgewicht durchzusetzen – seine Truppen aktiv und motiviert zu halten, ohne sie zu überfordern.

Kurz gesagt

Kapitel 8 lehrt uns: Großartige Führung im Krieg beruht auf Flexibilität, Weisheit und Ausgeglichenheit. Ein erfolgreicher General passt sich wandelnden Bedingungen an, vermeidet emotionale Extreme und setzt auf Strategie statt Impulsivität. Wer Disziplin meistert und die Fehler des Gegners klug ausnutzt, gewinnt Schlachten – und schützt gleichzeitig die eigene Armee. Dieses Kapitel erinnert uns daran: Im Krieg zählt nicht nur Stärke, sondern vor allem das Verständnis und die Anpassung an die Komplexität jeder einzelnen Situation.

Kapitel 9 – Die Armee auf dem Marsch

Sun Tzu sagt:

Bevor du ein Lager für deine Truppen aufschlägst, musst du sorgfältig die Position des Feindes einschätzen, das Gelände studieren und einen Ort wählen, der dir den größten Vorteil verschafft. Diese Überlegungen lassen sich in vier Hauptprinzipien zusammenfassen:

1. Gebirge[50]: Wenn du dich in der Nähe von Bergen befindest, vermeide es, auf der Nordseite zu lagern. Positioniere deine Streitkräfte stattdessen auf der Südseite. Diese Wahl bringt viele Vorteile mit sich: Vom Südhang aus kannst du sicher in die Täler darunter vordringen, wo Wasser und Futter reichlich vorhanden sind. Zudem profitierst du von besserem Sonnenlicht, mehr Wärme und gesünderer Luft als auf der Nordseite.

Wenn der Feind versucht, dich von der anderen Seite des Berges zu überfallen, wirst du durch die Wachen, die du auf dem Gipfel stationiert hast, rechtzeitig gewarnt. Je nach Lage kannst du dich entweder problemlos zurückziehen oder die Stellung halten und kämpfen – aber nur, wenn die Chancen zu deinen Gunsten stehen. Greife den Feind jedoch nur dann in höherem Gelände an, wenn es absolut notwendig ist – suche ihn dort nie absichtlich auf.

2. Flüsse: Wenn du dich in der Nähe eines Flusses befindest, dann lagere möglichst nahe an dessen Quelle und verschaffe dir einen Überblick über alle seichten und durchquerbaren Stellen. Wenn du gezwungen bist, den Fluss zu überqueren, dann tu das niemals, während der Feind zusieht. Sollte der Feind jedoch unüberlegt oder übermütig versuchen, den Fluss zu durchqueren, dann warte, bis mindestens die Hälfte seiner Truppen übergesetzt hat, und schlage dann zu. So verschaffst du dir einen bedeutenden Vorteil – deine Schlagkraft verdoppelt sich praktisch.

---

[50] In der antiken chinesischen Militärstrategie spielte die Geografie eine entscheidende Rolle. Die südlichen Berghänge erhielten in der Regel mehr Sonnenlicht, waren wärmer und weniger feucht – was sie für Truppen und Tiere gesünder machte.

Bleibe stets auf höherem Gelände am Fluss, damit du den Überblick über das Umfeld behältst. Errichte kein Lager direkt am Ufer, noch nähere dich dem Feind an dieser Stelle frontal. Wachsamkeit ist unerlässlich, denn Lager in Flussnähe machen dich verwundbar und lassen dir im Notfall wenig Raum für einen geordneten Rückzug.

3. Sümpfe und Morast: Wenn du dich in feuchtem, rutschigem, sumpfigem oder anderweitig ungesundem Terrain befindest, dann verlasse dieses so schnell wie möglich. Solche Umgebungen bringen viele Nachteile mit sich: Mangel an Vorräten, hohe Krankheitsgefahr und schlechte Versorgung.

Wenn du gezwungen bist, dort zu verweilen, dann errichte dein Lager am Rand des Sumpfgebiets und dringe nicht zu tief hinein. Wenn es Wälder in der Nähe gibt, platziere sie hinter deinem Rücken, um zusätzlichen Schutz zu haben.

4. Ebenen: Beim Lagern auf flachen, trockenen Ebenen sollte deine linke Flanke offen sein, und deine Truppen sollten so positioniert sein, dass sich etwas erhöhte Struktur hinter dir befindet. So hast du einen weiten Blick in die Ferne und kannst dein Umfeld im Auge behalten. Wenn die Front deines Lagers besonders gefährlich ist, sorge dafür, dass dein Rücken einen sicheren Rückzugsraum bietet – als Notausgang in schwierigen Zeiten.

Die Vorteile verschiedener Lagerplätze sind unbezahlbar – sie bilden das Fundament für viele militärische Erfolge. Es war die meisterhafte Beherrschung dieser Lagerstrategien, die es dem **Gelben Kaiser**[51] ermöglichte, seine Feinde zu besiegen und alle benachbarten Herrscher unter seine Autorität zu bringen.

Aus allem, was bisher gesagt wurde, ergibt sich die Schlussfolgerung: Hohes Gelände ist für Truppen im Allgemeinen vorteilhafter als niedriges oder eingesunkenes Terrain. Doch selbst unter den erhöhten Lagen gibt es strategische Unterschiede – man sollte das Lager immer auf der Südseite aufschlagen, denn dort ist der Boden in der Regel fruchtbar und reichhaltig. Ein Lager an einem solchen Ort ist oft ein Vorzeichen des Sieges. Gute

---

[51] Der Gelbe Kaiser (Huangdi) ist eine mythologische Figur der chinesischen Geschichte, der oft grundlegende kulturelle und militärische Innovationen zugeschrieben werden. Seine Siege werden in alten Texten häufig als Beispiele strategischen Genies verwendet.

Versorgung und klarer Himmel sorgen für Zufriedenheit und Gesundheit – sie geben den Soldaten Mut und Kraft. Im Gegensatz dazu führen Verzweiflung, Unzufriedenheit und Krankheit zu einem Verlust an Moral, schwächen den Körper und machen das Heer entmutigt und feige.

Lager in der Nähe von Flüssen bieten ebenfalls Vorteile, die nicht übersehen werden dürfen – allerdings sind die Risiken sorgfältig zu vermeiden. Besetze immer das obere Flussufer und überlasse die Strömung deinem Feind. In der Nähe der Quelle gibt es mehr Furten, und das Wasser ist dort sauberer und gesünder.

Wenn starke Regenfälle einen Fluss anschwellen lassen oder Strömungen in der Nähe deines Lagers entstehen, übe Geduld, bevor du versuchst, ihn zu überqueren. Warte, bis sich das Wasser wieder beruhigt hat. Anzeichen dafür sind das Verschwinden des dumpfen Grollens, kein schäumendes Wasser mehr und kein mitfließender Sand oder Schmutz.

Was Schluchten, Felsenklippen, Sümpfe, rutschiges Gelände oder enge und zugewachsene Passagen betrifft – diese Gebiete sind voller Gefahren. Wenn du gezwungenermaßen durch solches Gelände musst, verlasse es so schnell wie möglich. Wer sich von diesen Zonen entfernt, macht es dem Feind schwerer, ihn zu verfolgen – und falls sie es dennoch versuchen, könnten sie denselben Gefahren zum Opfer fallen, denen du gerade entkommen bist.

Besondere Vorsicht ist geboten bei Gebieten, die mit Büschen, kleinen Wäldern oder ständigem Auf und Ab durchzogen sind. Solches Gelände ist ideal für Hinterhalte. Sei stets wachsam – hier können sich Feinde verbergen und dich jeden Moment überraschen, angreifen und vernichten. Wenn du weit entfernt bist, meide diese Orte. Wenn du in der Nähe bleiben musst, bewege dich nicht, ohne die Umgebung vorher genau zu erkunden. Und wenn der Feind in solchem Gelände angreift, manövriere so, dass sich alle Nachteile des Geländes gegen ihn selbst wenden. Du selbst solltest nur angreifen, wenn der Feind sich im offenen Gelände befindet.

Zum Schluss – egal ob der Ort deines Lagers ideal ist oder nicht – du musst das Beste daraus machen. Verbleibe niemals untätig. Strebe immer nach Initiative und Aktion. Beobachte jede Bewegung des Feindes ganz genau. Setze regelmäßig Spione ein – auch tief im Feindeslager, bis direkt unter das Zelt seines Generals. Vernachlässige keine einzige Information, egal wie unbedeutend sie scheint, und achte auf jedes Detail.

Wenn deine Späher berichten, dass sich Bäume bei windstillem Wetter bewegen, schließe daraus, dass der Feind im Vormarsch ist – womöglich kommt er auf deine Position zu. Bereite alles vor: Sei bereit, ihn zu empfangen oder sogar einen Gegenangriff einzuleiten, um ihn abzufangen.

Wenn dir berichtet wird, dass hohes Gras die Felder bedeckt, sei besonders wachsam. Halte stets Ausschau, denn das kann ein Hinweis auf einen Hinterhalt sein.

Wenn deine Späher beobachten, **dass Vögel in Scharen aufsteigen und nirgendwo landen**[52], sei auf der Hut – das kann bedeuten, dass der Feind in der Nähe ist, entweder bei der Erkundung oder beim Aufstellen von Fallen. Wenn zusätzlich zu den Vögeln viele vierbeinige Tiere ziellos umherlaufen, als wären sie vertrieben worden, dann ist das ein Zeichen dafür, dass der Feind aktiv ist und höchste Alarmbereitschaft herrscht.

Wenn dir von wirbelnden Staubwolken in der Ferne berichtet wird, schließe daraus, dass der Feind sich bewegt. Flacher, dichter Staub weist auf Infanterie hin, leichter und höher aufsteigender Staub deutet auf Reiter und Streitwagen.

Wenn Berichte zeigen, **dass feindliche Truppen verstreut und in kleinen Gruppen unterwegs sind**[53], bedeutet das, sie sind durch einen Wald oder schweres Gelände gezogen, haben Wege freigeräumt und sind jetzt erschöpft. Wahrscheinlich versuchen sie sich neu zu sammeln.

Wenn du hörst, dass Infanterie und Reiterei hin und her ziehen, verteilt in kleinen Trupps über das Gebiet, ist das ein klares Zeichen, dass der Feind ein Lager aufgeschlagen hat.

Solche allgemeinen Zeichen sind von unschätzbarem Wert, um den Standort

---

[52] Dieses Phänomen deutete darauf hin, dass etwas die Umgebung störte – zum Beispiel Truppenbewegungen oder feindliche Aktivitäten. Das Verhalten von Tieren wurde im alten Krieg oft als Frühwarnsystem genutzt.

[53] Zerstreute Bewegungen deuten oft auf Desorganisation oder Erschöpfung hin. In der antiken chinesischen Kriegsführung war die Geschlossenheit der Truppen überlebenswichtig; eine Auflösung des Zusammenhalts galt als Zeichen von Schwäche – insbesondere nach dem Überqueren schwierigen Terrains.

des Gegners zu erkennen, seine Pläne zu durchkreuzen und dich gegen Überraschungsangriffe zu schützen. Achte besonders auf diese weiteren Anzeichen:

Wenn deine Spione in der Nähe des feindlichen Lagers berichten, dass der Feind leise, vorsichtig spricht, sich zurückhaltend verhält und Zurückhaltung zeigt, planen sie mit hoher Wahrscheinlichkeit eine Großoffensive und bereiten sich bereits darauf vor. Zögere nicht – marschiere ihnen schnell entgegen. Sie wollen dich überraschen; handle zuerst und überrasche sie stattdessen.

Wenn du dagegen hörst, dass ihre Redeweise laut, prahlerisch oder überheblich ist, ist das ein deutliches Zeichen dafür, dass sie über einen Rückzug nachdenken und keine Absicht haben, zu kämpfen.

Wenn Berichte zeigen, dass viele leere Streitwagen vor ihrer Armee herfahren, bereite dich auf den Kampf vor – sie marschieren in Schlachtformation.

Sei besonders vorsichtig, wenn sie in dieser Phase Frieden oder ein Bündnis vorschlagen – höchstwahrscheinlich handelt es sich um eine Täuschung.

Wenn der Feind erzwungene Märsche durchführt, bedeutet das, dass er glaubt, auf dem Weg zum Sieg zu sein. Wenn er gleichzeitig vor- und zurückmarschiert, versucht er, dich in eine Schlacht zu locken. Wenn er lange untätig bleibt und sich auf seine Waffen wie auf Spazierstöcke stützt, ist das ein Zeichen von Verzweiflung – sie sind fast ausgehungert und auf Nahrungssuche fokussiert. Wenn sie beim Passieren eines Flusses unkontrolliert zum Wasser eilen, leiden sie offensichtlich an großem Durst.

Wenn du ihnen etwas Nützliches anbietest, sie es aber weder nutzen noch Interesse zeigen, dann deshalb, weil sie misstrauisch oder ängstlich sind. Wenn sie nicht einmal in Situationen, in denen es notwendig wäre, den Mut aufbringen voranzuschreiten, sind sie innerlich von Angst, Sorgen und Konflikten zerfressen. Beachte auch ihr Lagerverhalten genau. Du kannst Details aus der Natur selbst ableiten – etwa wenn **sich Vögel in bestimmten Gebieten sammeln**[54], deutet das auf die Lage ihrer Lager hin. Wenn ihre

---

[54] Dies spiegelt Sun Tzus Betonung der Naturbeobachtung wider. In einer ungestörten Umgebung meiden Vögel menschliche Aktivitäten. Ihre Anwesenheit oder ihr plötzliches Auffliegen kann auf versteckte Truppen oder einen Hinterhalt hinweisen.

Lager häufig wechseln und schlecht gewählt sind, spricht das für mangelndes Verständnis des Geländes. Das Auffliegen und Schreien von Vögeln kann auch auf versteckte Hinterhalte hindeuten.

Wenn du aus dem feindlichen Lager ständiges Feiern, lautes Trinken und Essen hörst, kannst du dich freuen – das ist ein untrügliches Zeichen dafür, dass ihre Generäle keine Autorität haben. Wenn ihre Banner ständig den Standort wechseln, deutet das auf Unentschlossenheit und interne Unordnung hin. Wenn die Soldaten sich in Gruppen zusammenfinden und flüstern, hat ihr General das Vertrauen der Armee verloren.

Übermäßige **Belohnungen oder Strafen**[55] deuten auf Verzweiflung hin und zeigen, dass der Befehlshaber keine Optionen mehr hat. Wenn die Armee ihre eigenen Kochtöpfe zerstört, ist das ein Zeichen, dass sie sich in äußerster Not befinden und bis zum Tod kämpfen wollen.

Wenn Unteroffiziere unruhig, unzufrieden und wegen Kleinigkeiten schnell wütend sind, bedeutet das, sie sind gelangweilt oder durch sinnlose Belastungen ausgelaugt. Wenn du erfährst, dass in Teilen des feindlichen Lagers heimlich Pferde getötet und das Fleisch gegessen wird, ist das ein klares Anzeichen dafür, dass ihre Vorräte fast erschöpft sind.

Du musst all diese Bewegungen und Verhaltensweisen des Feindes beachten. Auch wenn solche Beobachtungen banal erscheinen mögen, sind sie entscheidend. Mein Ziel ist es zu zeigen, dass nichts – so klein es auch sein mag – übersehen werden darf, wenn es dir zum Sieg verhelfen kann. Die Erfahrung hat mich das gelehrt, und sie wird es auch dich lehren – hoffentlich ohne dass du dafür bezahlen musst.

Beobachte alle Bewegungen des Feindes, wie unbedeutend sie auch erscheinen mögen, aber bleibe auch über deine eigenen Truppen wachsam. Behalte alles im Auge: Diebstahl, Plünderung, Ausschweifung, Trunkenheit, Unzufriedenheit, Verschwörungen, Faulheit und Untätigkeit. Du solltest all dies selbst wissen, ohne auf Berichte anderer zu warten. So gehst du vor:

---

[55] Wenn Anführer ihre Truppen übermäßig belohnen oder bestrafen, ist das oft ein Anzeichen dafür, dass sie die Kontrolle verlieren oder sich in einer Krise befinden. Solche Maßnahmen sollen in der Regel Gehorsam erzwingen oder eine Meuterei verhindern.

Wenn ein Soldat beim Wechsel seines Postens oder Quartiers einen wertlosen Gegenstand zurücklässt und ihn nicht zurückholt, wenn er ein Utensil an seinem vorherigen Standort vergisst und es nicht zurückfordert, dann fehlt ihm Disziplin und Respekt für Eigentum. Behandle ihn wie einen Dieb und bestrafe ihn entsprechend.

Wenn es geheime Gespräche innerhalb deiner Armee gibt, wenn Soldaten oft flüstern oder leise sprechen, oder wenn Unterhaltungen halbfertig bleiben, dann hat die Angst deine Männer erfasst. Unzufriedenheit wird folgen, und Verschwörungen werden sich bilden. Handle sofort dagegen.

Wenn deine Truppen arm wirken oder es ihnen an kleinen Notwendigkeiten fehlt, unterstütze sie finanziell über ihren regulären Sold hinaus. Sei dabei aber nicht übermäßig großzügig – zu viel Reichtum richtet mehr Schaden an als Nutzen. Missbrauch von Ressourcen führt zu Korruption, schwächt den Charakter und fördert Laster.

Wenn Soldaten, die einst mutig waren, plötzlich ängstlich und zaghaft werden, wenn Schwäche Stärke ersetzt und Feigheit Mut verdrängt, ist das ein Zeichen, dass ihr Geist verdorben wurde. Untersuche die Ursache dieser Entartung und beseitige sie an der Wurzel.

Wenn einige Soldaten unter verschiedenen Vorwänden um Entlassung bitten, bedeutet das, dass ihnen der Kampfeswille fehlt. Weise nicht alle Anträge zurück, aber die Entlassungen, die du genehmigst, sollten unter Bedingungen erfolgen, die ihnen Schande bereiten.

Wenn Gruppen von Soldaten wütend oder aufrührerisch zu dir kommen, um Gerechtigkeit zu fordern, höre dir ihre Beschwerden an und gehe auf ihre Anliegen ein. Doch während du auf der einen Seite für Ausgleich sorgst, musst du gleichzeitig Disziplin wahren, indem du sie angemessen bestrafst.

Wenn ein Soldat nicht sofort antwortet, wenn er gerufen wird, wenn er zögert zu kommen oder unnötig verweilt, nachdem er Anweisungen erhalten hat, sei misstrauisch. Bleibe wachsam und auf der Hut.

Truppenführung erfordert ständige Aufmerksamkeit des Generals. Während du stets den Feind im Blick behalten musst, darfst du deine eigenen Kräfte nie aus den Augen verlieren. Bleibe informiert über die Anzahl der Feinde, über Tote oder Deserteure unter deinen Soldaten und jede Veränderung in deinen Reihen – so klein sie auch sein mag.

Wenn die feindliche Armee schwächer ist als deine und sich aus Angst nicht stellt, greife sie ohne Verzögerung an. Gib ihnen keine Zeit, sich zu sammeln oder ihre Position zu stärken – ein einziger entscheidender Kampf reicht in solchen Fällen aus. Wenn du jedoch angreifst, ohne den aktuellen Zustand des Feindes zu kennen oder bevor deine eigenen Truppen bereit sind, riskierst du, in eine Falle zu geraten, besiegt zu werden und alles zu verlieren.

Wenn du es versäumst, in deiner Armee strenge Disziplin aufrechtzuerhalten, werden selbst die kleinsten Vergehen bald überhandnehmen. Ohne Disziplin verlierst du den Respekt deiner Soldaten, deine Autorität wird geschwächt, und jede spätere Bestrafung führt nur zu weiterem Widerstand. Wenn deine Soldaten dich weder fürchten noch respektieren, und wenn deine Autorität zu schwach ist, um Disziplin durchzusetzen, ohne eine Meuterei zu riskieren – wie willst du dann eine Armee führen? Wie willst du den Feinden des Staates entgegentreten?

Strafen müssen schnell und im Verhältnis zum Vergehen erfolgen. Wenn du Befehle gibst, dann nur, wenn du sicher bist, dass sie genau befolgt werden. Trainiere deine Truppen regelmäßig, aber zum richtigen Zeitpunkt – überlaste oder erschöpfe sie nicht unnötig. Denk daran: Alles, was deine Armee erreichen kann – zum Guten oder zum Schlechten – liegt in deiner Hand.

Im Krieg garantieren bloße Zahlen keinen Erfolg. Ziehe nicht allein auf Grundlage der Größe deiner Streitkräfte in die Schlacht. Dieselben Soldaten können unter einem General schwach und verachtenswert sein, aber unter einem anderen unbesiegbar.

Analyse von Kapitel 9

Kapitel 9 dreht sich ganz darum, klug und strategisch zu handeln, wenn du dein Heer bewegst. Sun Tzu betont, dass das Gelände genauso wichtig ist wie deine Soldaten und Waffen. Er gibt klare Anweisungen, wo und wie man das Lager aufschlagen sollte – abhängig davon, ob man sich in den Bergen, an Flüssen, in Sümpfen oder auf offenen Ebenen befindet. Jedes Terrain bringt eigene Herausforderungen und Vorteile mit sich, und sie zu verstehen ist entscheidend, um dem Feind immer einen Schritt voraus zu sein.

Das Kapitel ist vollgepackt mit praktischen Tipps: Zum Beispiel sollte man sich auf der Südseite eines Berges niederlassen, um Wärme und Sicherheit zu gewährleisten. Man sollte Flussufer meiden, aber die flachen Furten kennen, und Sümpfe so gut es geht vermeiden. Sun Tzu macht klar: Die Wahl des Lagerplatzes kann über den Erfolg oder Misserfolg eines Feldzugs entscheiden.

Aber es geht nicht nur darum, wo man sich befindet – es geht auch darum, die Zeichen zu deuten. Sun Tzu beschreibt, wie man die Bewegungen des Feindes beobachten kann: aufsteigende Staubwolken, unruhige Vögel – all das können Hinweise auf einen Hinterhalt oder eine Schwäche in den gegnerischen Reihen sein. Er warnt auch davor, wie wichtig es ist, die eigenen Truppen zu kontrollieren, Disziplin zu wahren und die Moral im Blick zu behalten.

Dieses Kapitel unterstreicht, wie wichtig es ist, wachsam, vorbereitet und anpassungsfähig zu bleiben. Die besten Generäle reagieren nicht nur – sie erkennen Probleme im Voraus, lesen das Schlachtfeld wie eine Karte und handeln entschlossen.

Zentrale Lektionen aus Kapitel 9

1. Kenne das Gelände: Berge, Flüsse, Sümpfe und Ebenen bieten jeweils eigene Chancen und Risiken. Wie du dein Heer positionierst, kann über Sieg oder Niederlage entscheiden. Höher gelegenes Terrain bietet bessere Sicht und Sicherheit. Gefährliche Gebiete wie Sümpfe oder enge Pfade solltest du nur betreten, wenn es absolut notwendig ist.

2. **Sei wachsam:** Behalte alles im Auge – von den Bewegungen des Feindes bis hin zu kleinen Veränderungen in der Natur. Ungewöhnliches Verhalten von Vögeln, Staubwolken oder aufgescheuchte Tiere können auf Aktivitäten des Feindes hinweisen. Erkunde sorgfältig und nutze Spione, um über deine Feinde – und deine eigenen Truppen – informiert zu bleiben.

3. **Halte deine Truppen unter Kontrolle:** Disziplin ist entscheidend. Probleme wie Angst, Unzufriedenheit oder Unordnung müssen frühzeitig erkannt und behoben werden, bevor sie größer werden. Achte auf das Verhalten deiner Soldaten – wenn sie Dinge zurücklassen oder Befehle verzögern, kann das auf tiefere Probleme wie schlechte Moral oder gar Meuterei hindeuten.

4. **Setze auf Timing und Geduld:** Gehe nicht vorschnell in gefährliches Gelände oder überquere Flüsse nicht bei schlechten Bedingungen. Geduld und gutes Timing können dein Heer vor unnötigen Risiken schützen.

5. **Lerne aus kleinen Details:** Auch kleine Anzeichen können dir einen entscheidenden Vorteil verschaffen. Ob es der Lärm im gegnerischen Lager ist, der Zustand ihrer Banner oder das Verhalten ihrer Soldaten – all das kann zeigen, ob sie selbstsicher, chaotisch oder kurz vor dem Zusammenbruch sind.

6. **Stärke ist mehr als nur Zahlen:** Eine starke Armee besteht nicht nur aus vielen Soldaten, sondern aus guter Führung und Disziplin. Eine gut geführte, geschlossene Einheit kann eine größere, schlecht organisierte Armee besiegen.

Zusammenfassung

Kapitel 9 erinnert uns daran, dass Krieg nicht nur aus Kämpfen besteht – es geht um Vorbereitung, Beobachtung und kluge Entscheidungen. Wo du dein Lager aufschlägst, wie du die Umgebung interpretierst und wie du deine Truppen führst, kann über den Ausgang eines Feldzugs entscheiden. Erfolg entsteht durch Aufmerksamkeit fürs Detail, Disziplin und den Blick fürs große Ganze. Ein großartiger General verlässt sich nicht auf rohe Gewalt, sondern auf strategisches Denken und vorausschauende Planung.

Kapitel 10 – Gelände

Sun Tzu sagt:

Auf dieser Erde sind nicht alle Orte gleich geschaffen. Manche Gegenden sollte man unbedingt meiden, andere gezielt aufsuchen. Du musst ein vollständiges und präzises Verständnis aller Geländeformen haben.

Zu den Orten, die zu vermeiden sind, gehören solche **mit engen Durchgängen**[56], begrenzt durch Klippen oder steile Abhänge, oder solche ohne einfachen Zugang zu offenen Flächen, auf denen Verstärkungen empfangen werden könnten. Wenn du einen solchen Ort zuerst einnimmst, sichere die Durchgänge und warte auf den Feind. Hat der Feind jedoch dieses Gelände bereits besetzt, verfolge ihn nur, wenn die Durchgänge ungesichert sind. Ein genaues Verständnis dieser Geländearten ist unerlässlich, um deine Truppen nicht unnötiger Gefahr auszusetzen.

Suche stattdessen Orte mit natürlichen Vorteilen: Ein Berg, der hoch genug ist, um dich vor Überraschungsangriffen zu schützen, der **über mehrere bekannte Pfade zugänglich ist**[57], mit reichlich Vorräten, ausreichend Wasser, gesunder Luft und relativ ebenem Gelände. Ein solcher Ort sollte dein primäres Ziel sein. Ob du nun eine strategische Position sichern oder gefährliches und ungünstiges Gelände meiden willst – handle stets mit äußerster Sorgfalt, in der Annahme, dass dein Feind dasselbe Ziel verfolgt wie du.

Wenn das Gelände, das du einnehmen willst, sowohl für dich als auch für den Feind gleich leicht zugänglich ist, zählt vor allem Geschwindigkeit. Um ihnen zuvorzukommen, **führe Nachtmärsche durch, aber halte bei**

[56] Enge und gefährliche Passagen waren in der alten chinesischen Kriegsführung üblich, insbesondere in bergigen Regionen. Solche Gelände boten ideale Bedingungen für Hinterhalte und waren deshalb für große Armeen besonders riskant zu durchqueren.

[57] Orte mit mehreren Zugangsmöglichkeiten bieten mehr Flexibilität für Bewegung und Verstärkung. Sie verringern auch das Risiko einer Einkesselung und ermöglichen bei Bedarf einen sichereren Rückzug.

Sonnenaufgang an[58]. Idealerweise hältst du an einem Aussichtspunkt – etwa auf einem Hügel oder einer Anhöhe –, von dem aus du weit blicken kannst. Warte dort, bis dein Tross mit Vorräten aufgeschlossen hat. Wenn sich der Feind nähert, bleibe standhaft und bereite dich darauf vor, unter günstigen Bedingungen zu kämpfen.

Positioniere dich niemals an Orten, die leicht zu betreten, aber nur schwer zu verlassen sind – außer mit großem Aufwand und Risiko. Wenn der Feind einen solchen Ort unbewacht lässt, will er dich vermutlich täuschen. Rücke nicht überstürzt vor. Täusche stattdessen einen Rückzug vor, indem du zusammenpackst, als wolltest du den Ort verlassen. Wenn er dich dann törichterweise verfolgt, wird er gezwungen sein, das schwierige Gelände zu durchqueren. Wenn die Hälfte seiner Truppen gefangen ist, schlage entschieden zu – sie werden keine Chance zur Flucht haben, und du wirst mit minimalem Aufwand siegen.

Sobald du ein Lager gewählt hast, das die Vorteile des Geländes bestmöglich nutzt, bleibe ruhig dort und warte ab, bis der Feind seinen Zug macht. Wenn er sich dir in Schlachtformation nähert, greife ihn nur an, wenn klar ist, dass ihm der Rückzug schwerfallen wird.

Wenn dein erster Angriff auf einen gut vorbereiteten Feind scheitert, unternimm keinen zweiten Sturmangriff. Zieh dich – wenn möglich – in dein Lager zurück und verlasse es erst wieder, wenn es sicher ist. Erwarte, dass der Feind jede List anwenden wird, um dich aus deiner Position zu locken; sorge dafür, dass seine Strategien ins Leere laufen.

Hat der Feind bereits die vorteilhafteste Position gesichert, verschwende keine Zeit mit gewöhnlichen Taktiken, um ihn zu vertreiben. Solche Versuche wären nutzlos.

Wenn ein erheblicher Abstand zwischen deinen Truppen und dem Feind besteht und beide Armeen ebenbürtig sind, werden sie nicht leicht auf Provokationen hereinfallen, die sie zum Kampf verleiten sollen. Verschwende

[58] Nachtmärsche wurden eingesetzt, um durch Überraschung einen strategischen Vorteil zu erlangen. Sie waren jedoch riskant, da sie oft zu Erschöpfung und Unordnung führten. Der Halt bei Sonnenaufgang erlaubte es den Truppen, sich auszuruhen und neu zu formieren, während man gleichzeitig die Sichtverhältnisse zur Verteidigung nutzen konnte.

deine Energie nicht mit solchen Täuschungen – deine Bemühungen wären an anderer Stelle sinnvoller eingesetzt.

Verstehe, dass dein Feind genauso eifrig Vorteile sucht wie du. Nutze all deine Klugheit, um ihn in die Irre zu führen – aber täusche niemals dich selbst. Behalte im Hinterkopf, dass es unzählige Wege gibt, zu täuschen und getäuscht zu werden. Ich werde sechs Hauptmethoden hervorheben, die die Grundlage aller anderen bilden:

- Die Bewegung der Truppen.
- Ihre verschiedenen Formationen.
- Ihre Positionierung in sumpfigem oder ungünstigem Gelände.
- Ihre Unordnung.
- Ihre Erschöpfung.
- Ihr Rückzug.

Ein General, der besiegt wird, weil er diese Faktoren nicht kennt, kann den Himmel nicht für sein Scheitern verantwortlich machen. Die Verantwortung liegt allein bei ihm.

Wenn der Anführer einer Armee es versäumt, alles gründlich zu studieren, was seine eigenen Truppen und die gegnerischen Streitkräfte betrifft; wenn er das aktuelle Gelände nicht exakt versteht, noch das, in das er vorrücken will, die Rückzugswege im Falle eines Fehlschlags, die Orte, an denen ein falsches Manöver den Feind locken könnte, oder die Stellen, an denen der Feind unerwartet zum Stillstand gezwungen werden könnte; wenn er seine Armee nachlässig bewegt; wenn er über die Bewegungen und Absichten des Feindes im Unklaren bleibt; wenn er seine Truppen unnötig oder ohne durch das Gelände gezwungen zu sein aufteilt, ohne die möglichen Nachteile vorherzusehen oder ohne sicherzustellen, dass diese Teilung einen greifbaren Vorteil bringt; wenn er zulässt, dass sich Unordnung langsam in seinen Reihen einschleicht, oder wenn er zu leichtsinnig – aufgrund unsicherer Anzeichen – annimmt, beim Feind herrsche Unordnung, und auf dieser Annahme aufbaut; wenn seine Armee im Laufe der Zeit verfällt, ohne dass er schnell und entschlossen handelt, um dies zu korrigieren, dann ist ein solcher

General zwangsläufig dem Irrtum ausgeliefert.

Feinde werden sie mit vorgetäuschten Rückzügen, Scheinmärschen und gezielten Manövern in die Irre führen, um ihre Unwissenheit und Fehler auszunutzen. Ein General, der solchen Täuschungen zum Opfer fällt, hat niemanden außer sich selbst dafür verantwortlich zu machen.

Folgende Maximen sollen alle deine Handlungen leiten:

1. **Den Vorteil des Geländes sichern:** Wenn deine Armee in Anzahl und Stärke ungefähr gleichauf mit der des Feindes ist, musst du neun von zehn Vorteilen des Geländes für dich beanspruchen. Setze all deine Kraft und deinen Einfallsreichtum ein, um dies zu erreichen. Gelingt dir das, wird dein Feind eingeschüchtert sein und dich vielleicht meiden, vor dir fliehen oder — wenn er töricht genug ist, den Kampf zu wagen — dir mit einem Nachteil von zehn zu eins gegenüberstehen. Lässt du jedoch aus Nachlässigkeit oder Unfähigkeit dem Feind die Zeit und Gelegenheit, sich diesen Vorteil zu sichern, wird das Gegenteil eintreten: Er wird das Schlachtfeld dominieren, und deine Truppen werden einer Niederlage schutzlos ausgeliefert sein.

2. **Ausgewogenheit zwischen Offizieren und Soldaten:** Wenn deine Soldaten stark und mutig sind, aber deine Offiziere schwach und feige, ist deine Armee zum Scheitern verurteilt. Umgekehrt: Wenn Mut und Stärke nur unter den Offizieren vorhanden sind, während die Soldaten feige und schwach sind, wird deine Truppe schnell ins Chaos stürzen. Tapfere Soldaten werden sich weigern, schwachen Offizieren zu folgen, die ihren Erwartungen nicht gerecht werden. Genauso werden furchtlose und kompetente Offiziere Schwierigkeiten haben, Gehorsam von feigen Soldaten zu verlangen. Ausgewogenheit in Stärke und Moral ist entscheidend für den Zusammenhalt und den Erfolg einer Armee.

3. **Umgang mit hitzköpfigen Offizieren:** Wenn ranghohe Offiziere schnell wütend werden und ihre Emotionen nicht im Zaum halten können, handeln sie unüberlegt. Sie könnten unnötige Scharmützel oder Kämpfe beginnen, ohne die Nachteile oder Konsequenzen vollständig zu bedenken. Ihre Ungeduld kann sie sogar dazu bringen,

direkte Befehle des Generals unter allerlei Vorwänden zu missachten. Eine einzige übereilte Handlung kann in eine vollständige Schlacht eskalieren — mit dem Vorteil ganz auf Seiten des Feindes. Beobachte solche Offiziere genau. So groß ihre anderen Fähigkeiten auch sein mögen, ihre Rücksichtslosigkeit kann katastrophale Folgen haben — bis hin zum Verlust deiner gesamten Streitkraft.

4. **Die Gefahr eines schwachen Generals:** Ein General, der ängstlich und unentschlossen ist, besitzt weder die Ehre noch die Autorität, die sein Amt verlangt. Er wird seine Truppen weder inspirieren noch deren Mut im entscheidenden Moment entfachen können. Er wird sie nicht effektiv ausbilden oder führen. Ein solcher General wird seinen Offizieren misstrauen — ihrer Erfahrung, ihrem Mut, ihrer Einsicht — und sie somit in Unklarheit und Orientierungslosigkeit zurücklassen. Er wird seine Truppen immer wieder zu schlecht geplanten und unnötigen Bewegungen zwingen, sie hin- und herschieben, ohne System oder Methode. Zögern und Angst bestimmen seine Entscheidungen, was zu Chaos und Desorganisation in der gesamten Armee führt. Ein General, der nicht mit Selbstvertrauen und Klarheit führt, wird unweigerlich den Untergang seiner Streitkräfte verursachen.

5. **Den Feind und das Schlachtfeld kennen:** Ein General, der die **Stärken und Schwächen seines Feindes nicht genau kennt, ist stark benachteiligt**[59]. Wenn er das Gelände, das er besetzt oder besetzen könnte, nicht kennt, wird er fatale Fehler begehen. Er riskiert, mit seinen schwächsten Truppen auf die stärksten Einheiten des Feindes zu treffen, schlecht ausgebildete Soldaten gegen erfahrene Kämpfer einzusetzen oder seine Elitetruppen für unnötige Gefechte zu verschwenden. Er wird angreifen, wo er es nicht sollte, schlecht verteidigen, wo es wichtig ist, und Schlüsselpositionen kampflos aufgeben. Er kann auf eine Finte hereinfallen und einen Vorteil dort vermuten, wo keiner ist, oder sich von belanglosen Rückschlägen entmutigen lassen. Seine Unwissenheit kann dazu

[59] Dies spiegelt Sun Tzus grundlegendes Prinzip wider: Kenne deinen Feind und kenne dich selbst. Ohne ein Verständnis für die Fähigkeiten und Absichten des Gegners kann ein General keine fundierten Entscheidungen treffen oder Bedrohungen frühzeitig erkennen.

führen, dass er umzingelt wird, unerbittlich verfolgt oder in einen verzweifelten Rückzug gezwungen wird — mit der Flucht als einziger Überlebenschance. **Ein guter General muss das Gelände, auf dem er kämpft, so gut kennen wie die Höfe und Gärten seines eigenen Hauses**[60]. Dieses Wissen erlaubt ihm, seine Truppen klug zu positionieren, feindliche Bewegungen vorherzusehen und den Sieg zu sichern.

Ich betone: Ein genaues Verständnis des Geländes gehört zu den wichtigsten Werkzeugen, mit denen ein Anführer den Frieden und Ruhm des Staates sichern kann. Daher soll jeder, dessen Geburt oder Stellung ihn für die Rolle eines Generals bestimmt, sich dieser Kunst mit ganzer Hingabe widmen.

Mit präzisem Geländeverständnis kann ein General selbst die schwierigsten Situationen meistern. Dieses Wissen erlaubt es ihm, Unterstützung zu sichern und dem Feind den Zugang zu Verstärkung zu verwehren. Er kann vor- oder zurückweichen, jede Bewegung mit Kontrolle und Absicht steuern. Er kann den Feind zum Vorrücken oder Rückzug zwingen — wie es ihm beliebt. Er kann ihn unaufhörlich stören, ohne selbst in Hinterhalte zu geraten — und das auf unzählige Weisen, während seine eigenen Truppen stets geschützt bleiben.

Indem er Entfernungen berechnet und die Schwierigkeiten des Geländes bewertet, kontrolliert ein General den Ausgang der Schlacht. Ein Befehlshaber, der mit vollem Verständnis dieser Faktoren kämpft, wird mit Sicherheit den Sieg erringen. Dieses Wissen erlaubt es ihm, einen Feldzug entschlossen zu beenden oder ihn je nach Ruhm und Nutzen zu verlängern.

Der Sieg ist gewiss, wenn du jede Biegung und Steigung, jedes Detail des Geländes kennst, das beide Armeen einnehmen könnten — von den nächsten Positionen bis zu den entferntesten.

Mit diesem Wissen kannst du die effektivsten Formationen zuweisen und den richtigen Moment zum Angriff oder Rückzug genau bestimmen. Du wirst die Befehle deines Herrschers im Lichte der Umstände deuten und entsprechend

[60] Diese Metapher zeigt, wie gut ein General mit dem Schlachtfeld vertraut sein muss. Solches Wissen ermöglicht eine effektive Planung, kluge Positionierung und das Vorausdenken möglicher Bewegungen des Feindes

handeln. So wirst du weise und ehrenhaft dienen — deinen Ruf wahren und die Schande vermeiden, blind Befehlen zu folgen, die ins Verderben führen.

Ein unglücklicher General ist immer ein schuldiger General.

Deine Pflicht ist es, deinem Herrscher zu dienen, die Interessen des Staates zu fördern und dem Volk Glück zu bringen. Diese drei Ziele zu erfüllen ist deine höchste Aufgabe. Erreichst du sie, hast du als Anführer Erfolg.

Egal auf welchem Gelände du dich befindest, **betrachte deine Truppen als Kinder**[61]— unwissend und unfähig zu handeln ohne deine Führung. Sie müssen angeleitet werden. Behandle sie, sage ich, wie deine eigenen Kinder. Führe sie selbst.

Wenn sie Gefahr gegenüberstehen, lass sie ihr nicht allein begegnen — stelle dich mit ihnen ihr entgegen. Wenn sie sterben müssen, dann stirb mit ihnen.

Du musst alle unter deinem Kommando so lieben wie deine eigenen Kinder. Aber lass sie nicht verweichlichen. Wenn du sie nicht zurechtweist, wenn es nötig ist, werden sie undiszipliniert. Selbst wenn du fürsorglich, aufmerksam und respektvoll bist, musst du sie auch mit Autorität führen. Wenn du dies versäumst, werden sie ungehorsam und zögern, deinen Befehlen zu folgen.

Selbst wenn du das Gelände bestens kennst und genau weißt, wo du den Feind angreifen kannst — wenn du nicht weißt, ob er sich in Verteidigungsstellung befindet, ob er vorbereitet ist oder ob er alle Maßnahmen getroffen hat, dann sind deine Chancen auf Sieg halbiert.

Selbst wenn du alle Positionen genau kennst und weißt, wo und von wo aus du angreifen kannst, aber keine klaren Anzeichen hast, dass deine eigenen Truppen in der Lage sind, vorteilhaft anzugreifen, dann muss ich dir sagen: Auch dann sind deine Chancen auf Sieg erneut halbiert.

Angenommen, du verstehst den Zustand sowohl deiner Armee als auch der feindlichen genau. Du weißt, dass deine Truppen effektiv angreifen können und der Feind an Stärke und Zahl unterlegen ist. Doch wenn du die kritischen

---

[61] Diese Metapher hebt die väterliche Rolle eines Generals hervor. Die Truppen verlassen sich auf ihren Kommandeur für Orientierung, Schutz und Disziplin – ein Spiegelbild des konfuzianischen Ideals von Führung als zugleich fürsorglich und autoritär.

Details des umliegenden **Geländes nicht kennst — geheime Pfade, Festungen, Schwachstellen**[62]— dann wirst du nicht wissen, ob der Feind wirklich verwundbar ist. Auch dann, versichere ich dir, ist deine Chance auf Sieg erneut halbiert.

Diejenigen, die wahre Meister der Kriegskunst sind, marschieren ohne sich unnötigen Nachteilen auszusetzen. Ihre Bewegungen sind diszipliniert und geordnet, ihre Angriffe sind durchdacht und sicher, ihre Verteidigung ist undurchdringlich, ihre Lager werden mit Bedacht gewählt, ihre Rückzüge mit Präzision und System durchgeführt.

Sie verstehen ihre eigenen Stärken, die des Feindes und jedes relevante Detail des Terrains, auf dem sie sich bewegen.

Daher sage ich:

Kenne dich selbst und deinen Feind, und dein Sieg ist nie in Gefahr.

Kenne das Gelände und den richtigen Zeitpunkt, und dein Sieg ist vollkommen.

---

[62] Diese Elemente beziehen sich auf Geländemerkmale, die taktische Vorteile bieten oder Risiken bergen können. Versteckte Wege ermöglichen Überraschungsangriffe, während Festungen als Verteidigungspunkte oder Hindernisse für den Vormarsch dienen können.

Analyse von Kapitel 10

Kapitel 10 dreht sich ganz um das Verständnis deiner Umgebung und der Menschen unter deinem Kommando. Sun Tzu betont die Bedeutung des Terrains – es geht nicht nur darum, wo man kämpft, sondern wie man das Gelände zu seinem Vorteil nutzt. Manche Orte helfen dir zu gewinnen, andere machen es fast unmöglich, erfolgreich zu sein. Der Unterschied ist entscheidend.

Das Terrain, das du wählst, kann dich entweder schützen oder in eine Falle locken. Wenn du dich auf einer Anhöhe befindest, mit guter Sicht und sicherem Zugang zu Nachschub, bist du in einer starken Position. Aber wenn du in engen Tälern festsitzt oder von Klippen umgeben bist, ohne einfachen Ausweg, lädst du das Unglück ein. Sun Tzu warnt uns, das Gelände sorgfältig zu studieren, jeden Schritt zu planen und immer zu bedenken, wie es sowohl deine Truppen als auch den Feind beeinflusst.

Dieses Kapitel legt auch einen starken Fokus auf Führung. Sun Tzu erinnert uns daran, dass Truppen einen Anführer brauchen, dem sie vertrauen – jemanden, der entschlossen und diszipliniert ist und bereit, sowohl Risiken als auch Belohnungen zu teilen. Ein guter General weiß, wann er kämpfen, wann er sich zurückziehen und wann er warten soll. Er handelt nicht überstürzt, ist aber auch nicht zögerlich.

Sun Tzu hebt außerdem die Bedeutung von Täuschung, Timing und Vorbereitung hervor. Es reicht nicht aus, das Gelände zu kennen – du musst auch die Bewegungen und Absichten des Feindes verstehen. Er erklärt sogar, wie man den Gegner dazu bringt, Fehler zu machen – etwa indem man einen Rückzug vortäuscht, um ihn in eine Falle zu locken.

Letztendlich sagt Sun Tzu, dass der Sieg davon abhängt, drei Dinge zu verstehen: dich selbst, deinen Feind und das Schlachtfeld. Wenn du diese drei beherrschst, wirst du mit Entschlossenheit handeln können und die Weisheit haben, unnötige Risiken zu vermeiden.

Zentrale Lehren aus Kapitel 10

1. **Beherrsche das Terrain:** Kenne jedes Detail des Schlachtfelds. Anhöhen, offene Flächen, sicherer Zugang zu Nachschub – das sind

Vorteile, die du anstreben solltest. Meide Orte, die deine Armee einsperren oder dich angreifbar machen.

2. **Handle entschlossen, aber überlegt:** Ein guter General weiß, wann er angreifen, wann er abwarten und wann er sich zurückziehen muss. Unüberlegte Aktionen oder zu langes Zögern können selbst die besten Pläne ruinieren.

3. **Täuschung ist ein mächtiges Werkzeug:** Nutze vorgetäuschte Rückzüge, falsche Bewegungen und andere Tricks, um den Feind zu verwirren und dir einen Vorteil zu verschaffen. Aber denke daran: Auch du kannst getäuscht werden. Bleib wachsam.

4. **Führe mit Stärke und Fürsorge:** Behandle deine Truppen wie deine eigenen Kinder – beschütze sie, aber verwöhne sie nicht. Disziplin und Respekt gehören zusammen.

5. **Halte deine Kräfte im Gleichgewicht:** Eine starke Armee besteht nicht nur aus vielen Soldaten. Es muss Harmonie zwischen Offizieren und Kämpfern, Mut und Disziplin herrschen. Ungleichgewicht führt zu Chaos.

6. **Kenne dich selbst, deinen Feind und deine Umgebung:** Das ist der Kern von Sun Tzus Lehre. Wenn du deine eigenen Fähigkeiten, die Schwächen deines Gegners und das Gelände verstehst, auf dem du kämpfst, steigen deine Chancen auf Sieg erheblich.

Zusammengefasst

Kapitel 10 erinnert uns daran, dass Vorbereitung alles ist. Ob es darum geht, das Schlachtfeld zu studieren, den Feind zu verstehen oder die eigenen Truppen bereit zu halten – jedes Detail zählt. Erfolg beruht nicht auf Glück oder bloßer Stärke, sondern auf Strategie, Timing und klarem, überlegtem Führungsverhalten. Mit diesen Prinzipien im Kopf kannst du jeder Schlacht mit Selbstvertrauen entgegentreten.

Kapitel 11 – Die neun Situationen

Sun Tzu sagt:

Es gibt neun Arten von Gelände, die je nach Umgang dem Heer entweder nutzen oder schaden können.

Zerstreutes oder aufgeteiltes Gelände

Dieses Gelände liegt nahe der eigenen Grenze. Soldaten, die dort stationiert sind, befinden sich noch in der Nähe ihres Zuhauses und denken mehr an den Schutz ihrer Familien und ihr eigenes Leben als an die Strapazen des Krieges. Wenn der Feind naht oder eine Schlacht droht, neigen diese Truppen dazu, sich aufzulösen. Der General hat große Mühe, die Kontrolle zu behalten, denn die Stärke der Armee löst sich auf wie eine Wolke im Wind.

Leichtes Gelände

Leichtes Gelände befindet sich ebenfalls an der Grenze, reicht aber leicht in feindliches Territorium hinein – etwa durch eine Lücke oder einen Übergang. Es bietet keinen festen Halt, und die Soldaten blicken stets zurück in Richtung Heimat. Diese Nähe zur Rückzugsmöglichkeit verführt dazu, bei der ersten Gefahr zu fliehen. In solchen Situationen entstehen Zögern und Unentschlossenheit, die den Willen der Armee untergraben.

Umkämpftes Gelände

Umkämpftes Gelände ist für beide Seiten gleich vorteilhaft. Sowohl du als auch der Feind könnten dort Lager aufschlagen, strategische Positionen sichern und gegnerische Pläne stören. Solches Gelände ist von entscheidender Bedeutung und muss erkämpft werden, um den Vorteil zu nutzen und dem Gegner zu entziehen.

Engpass- oder Knotenpunktgelände

Dies sind Gebiete, die beide Armeen zwangsläufig durchqueren müssen. Sie sind für beide Seiten unumgänglich, und da der Feind genauso nah an seinem Gebiet ist wie du an deinem, ergeben sich hier Chancen. Ob er sich von einem Rückschlag erholt oder einen frühen Erfolg ausnutzt – in solchem Gelände ist Kommunikation mit dem Gegner möglich, ebenso wie ein

Rückzug.

Offenes und flaches Gelände

Diese Geländeform ist durch ihre Weite und Zugänglichkeit für beide Armeen geprägt. Doch wenn sich ein solches Gelände tief im feindlichen Gebiet befindet, solltest du den Kampf dort vermeiden – es sei denn, es ist absolut notwendig oder der Feind zwingt dich zur Konfrontation, sodass es keine Ausweichmöglichkeiten mehr gibt.

Gelände mit vielen Ausgängen

Dies sind Knotenpunkte, die mehrere benachbarte Staaten verbinden. Sie ermöglichen Allianzen, denn die benachbarten Fürsten können jede Seite unterstützen, die ihnen genehm ist. Wer solches Gelände kontrolliert, verschafft sich strategische Vorteile, indem er Zugang zu Verstärkung und Ressourcen entweder öffnet oder versperrt.

Kritisches und bedeutsames Gelände

Diese Art Gelände liegt tief im feindlichen Territorium und ist für die Kontrolle entscheidend. Dazu zählen Städte, Festungen, Gebirgspässe, Flüsse, Brücken oder trockene Regionen, die durchquert werden müssen. Solche Gebiete verlangen sorgfältige Planung, denn sie stellen Hindernisse dar – aber auch Chancen, die über Sieg oder Niederlage entscheiden können.

Verwüstetes oder zerstörtes Gelände

Dies sind enge, gefährliche Gebiete, in denen das Heer aufgespalten ist und Teile sich gegenseitig nicht sehen oder unterstützen können. Dazu gehören Seen, Sümpfe, reißende Flüsse oder unwegsames Gelände, wo das Vorankommen mühsam und erschöpfend ist. Die Truppen müssen sich in kleinen Gruppen bewegen, was sie verwundbar macht und ihre Kampffähigkeit stark einschränkt.

Todesgelände

Todesgelände ist das gefährlichste von allen. Es handelt sich um Orte, an denen jede Option mit Gefahr verbunden ist. Kämpfen bedeutet fast sicher den Tod, während Untätigkeit zu Hunger, Krankheit oder Elend führt. Hier ist Überleben nur durch den Mut der Verzweiflung möglich. Der Sieg kann nur durch entschlossene, verzweifelte Tatkraft errungen werden.

Das sind die neun Arten von Gelände, die ich erläutern wollte. Lerne, sie zu erkennen, um ihre Gefahren zu vermeiden oder ihre Vorteile auszunutzen.

Wenn du dich in geteiltem Gelände befindest, halte deine Truppen strikt zusammen. Doch unter keinen Umständen darfst du die Schlacht eröffnen, egal wie günstig die Lage erscheinen mag. Die Nähe zur Heimat und die einfache Rückkehr dorthin fördern Feigheit unter den Soldaten. Schon bald werden die Felder voller Deserteure sein, die fliehen, um nach Hause zurückzukehren.

In leichtem Gelände solltest du kein Lager errichten. Solange du keine Stadt, Festung oder wichtigen Posten im Feindesland eingenommen hast, fehlt deiner Armee ein sicherer Standpunkt. Wenn die Soldaten die bevorstehenden Schwierigkeiten und Gefahren sehen, werden sie den scheinbar einfacheren Weg wählen und Herausforderungen meiden, die als schwierig oder gefährlich erscheinen.

Wenn du strategisch wichtiges Gelände erkennst, handle schnell und entschlossen, um es sofort zu erobern. Gib dem Feind keine Zeit, sich zu erholen. Bewege dich zügig und halte deine Formationen geschlossen. Gib dein Bestes, um die volle Kontrolle zu sichern, aber versuche nicht, den Feind in einem offenen Kampf zu vertreiben. Falls der Feind das Gelände zuerst besetzt, nutze List und Strategie, um ihn zu vertreiben. Hast du die Stellung gesichert, darfst du sie unter keinen Umständen aufgeben.

In Verbindungsgelände, wo mehrere Kräfte zusammentreffen können, solltest du bestrebt sein, vor dem Feind einzutreffen. Sorge für freie Kommunikation in alle Richtungen, damit Pferde, Wagen und Gepäck sicher und effizient bewegt werden können. Arbeite unermüdlich daran, das Wohlwollen der benachbarten Völker zu gewinnen. Suche Allianzen, bitte um Unterstützung, kaufe nötige Ressourcen – tu, was auch immer nötig ist. Denn je mehr Überfluss du auf deiner Seite sicherst, desto größer wird der Mangel auf der Seite des Feindes.

In flachem, offenem Gelände verteile deine Truppen weitläufig und gib ihnen ausreichend Raum. Errichte Schanzen, um Überraschungsangriffe abzuwehren, und bleibe ruhig. Warte geduldig auf den richtigen Zeitpunkt und die passenden Bedingungen, um entscheidend zuzuschlagen.

Wenn du dich in durchlässigem Gelände befindest, das viele Ausgänge über verschiedene Wege bietet, musst du dich zunächst vollständig mit der Umgebung vertraut machen. Schließe Bündnisse mit benachbarten Staaten und überlasse keine Einzelheit dem Zufall. Kontrolliere alle Zugänge – selbst die scheinbar unwichtigen. Bewache jeden einzelnen gewissenhaft, um deine Position zu sichern.

In ernstem und kritischem Gelände musst du jede Umgebung beherrschen. Lass nichts ungesichert. Nimm selbst die kleinsten Außenposten ein, um deine Nachschubwege zu schützen. Ohne diese Vorsichtsmaßnahmen riskiert deine Armee, von lebenswichtigen Vorräten abgeschnitten oder aus verschiedenen Richtungen überfallen zu werden.

Wenn du dich in zerstörtem oder verwüstetem Gelände wiederfindest, rücke nicht weiter vor. Kehre sofort um und ziehe dich so schnell wie möglich zurück.

In Todesgelände, wo das Überleben allein vom Sieg abhängt, darfst du keinen Augenblick zögern. Stelle dich dem Feind direkt und ohne Verzug. Je schneller du kämpfst, desto größer deine Überlebenschancen.

So handelten unsere alten Krieger. Diese großen Männer, erfahren und geübt in ihrer Kunst, glaubten, dass Angriffs- und Verteidigungsmethoden niemals starr sein sollten, sondern sich stets an das Gelände und die jeweiligen Umstände anpassen müssten.

Sie lehrten, dass man das Heck und die Spitze einer Armee nicht auf dieselbe Weise führen darf. **Die Spitze muss direkt konfrontiert, das Heck vollständig zerschlagen werden**[63]. Sie erkannten, dass große und kleine Gruppen innerhalb einer Armee nicht dauerhaft harmonieren. Ebenso bringt das Zusammenlegen von Starken und Schwachen zwangsläufig Spannungen mit sich. Höherrangige und niederrangige Personen können in jeder Lage nicht gleich effektiv sein.

---

[63] Diese Metapher beschreibt, wie man unterschiedliche Teile einer feindlichen Streitmacht unterschiedlich behandelt. Der Kopf (die Führung) muss strategisch angegangen werden, während der Schwanz (die schwächeren Einheiten) schnell ausgeschaltet werden sollte.

Sie betonten, dass eng verbundene Truppen leicht getrennt werden können, doch dass es sehr schwierig ist, sie wieder zu vereinen, sobald sie einmal gespalten sind. Sie wiederholten oft, dass eine Armee sich niemals bewegen sollte, wenn daraus kein klarer und greifbarer Vorteil entsteht. Wenn es keinen Nutzen gibt, ist es besser, ruhig im Lager zu bleiben.

Letztlich müssen alle deine militärischen Handlungen von den Umständen geleitet sein. Du musst entscheiden, ob du angreifst oder verteidigst – abhängig davon, ob der Krieg in deinem eigenen oder im feindlichen Gebiet geführt wird.

Wenn der Krieg in deiner Heimat stattfindet, und der Feind ohne Vorwarnung mit einer gut organisierten Armee einmarschiert, um dein Land zu verwüsten oder zu zerschlagen, handle ohne Verzögerung. Sammle so viele Truppen wie möglich, rufe Nachbarn und Verbündete zu Hilfe und nimm Positionen ein, die für den Feind wertvoll sind. Befestige diese Stellungen – selbst wenn nur, um Zeit zu gewinnen. Denn: Geschwindigkeit ist das Lebenselixier des Krieges.

Bewege dich auf Wegen, die der Feind nicht erwartet. Arbeite daran, seine Versorgungswege zu unterbrechen. Blockiere seine Routen – oder mache es ihm zumindest unmöglich, Nachschub zu erhalten, ohne in einen Hinterhalt zu geraten oder eine Schlacht führen zu müssen.

Die lokalen Bauern können hierbei eine große Hilfe sein. Gewinne sie für dich, indem du erklärst, dass sie ihr Eigentum schützen müssen und verhindern sollen, dass ungerechte Eindringlinge ihre Häuser plündern und ihre Väter, Mütter, Frauen und Kinder verschleppen.

Verharre nicht nur in der Defensive. Schicke kleine, mobile Trupps aus, um Versorgungskonvois anzugreifen, ihre Pläne zu stören und den Feind zu ermüden. Schlage unerwartet hier und dort zu – zwinge den Feind, seinen Angriff zu bereuen. Mach seinen Rückzug unvermeidlich, sodass ihm nichts als die Schande des Scheiterns bleibt.

Wenn du den Krieg im feindlichen Gebiet führst, vermeide es, deine Kräfte zu teilen – und idealerweise: Tu es nie. Halte deine Truppen vereint und sorge dafür, dass sie sich gegenseitig unterstützen können. Operiere stets in Gebieten, die fruchtbar und reich sind, damit deine Armee die nötigen

Ressourcen erhält.

Wenn deine Truppen an Hunger und Entbehrung leiden, werden Elend und Krankheit über die Jahre hinweg mehr Verluste verursachen als das Schwert des Feindes je könnte.

Beschaffe alle nötigen Vorräte friedlich. Greife nur dann zur Gewalt, wenn alle anderen Mittel versagt haben. Bemühe dich, dass Bauern und Landvolk verstehen, dass es auch in ihrem Interesse liegt, dir ihre Güter freiwillig zu geben. Doch – und das kann ich nicht genug betonen – teile deine **Truppen niemals auf**[64].

Alles andere gleichgesetzt, ist eine Armee doppelt so stark, wenn sie auf eigenem Boden kämpft.

Wenn du im Feindesland kämpfst, denke besonders an diese Regel – insbesondere, wenn du tief im Gebiet des Gegners steckst: Führe deine gesamte Armee geschlossen. Führe alle militärischen Operationen mit größter Geheimhaltung durch. Sorge dafür, dass niemand außerhalb deines engsten Kreises deine Pläne kennt. Es genügt, wenn sie deine Absicht erst im Moment der Ausführung verstehen.

Manchmal fühlst du dich vielleicht unsicher über deinen nächsten Schritt oder deine Richtung. In solchen Momenten handle nicht überstürzt. Warte geduldig, bis Zeit und Umstände dir den richtigen Weg zeigen. Halte stand mit unerschütterlicher Entschlossenheit.

Es wird auch Zeiten geben, in denen du dich unklugerweise in einen Kampf verwickelt hast. In solchen Situationen sei vorsichtig mit dem Rückzug – er könnte dein Untergang sein. Es ist besser, mit Ehre zu fallen, als in Schande zu fliehen. Selbst wenn eine Niederlage unausweichlich erscheint, bewahre eine mutige und selbstbewusste Haltung.

Deine Soldaten, die es gewohnt sind, deine Pläne nicht zu kennen, werden sich der Gefahr nicht bewusst sein. Sie werden annehmen, dass du eine Strategie hast, und mit derselben Disziplin und Tapferkeit kämpfen, als wäre

---

[64] Das Aufteilen der Streitkräfte im feindlichen Gebiet schwächt ihre kollektive Stärke und erhöht ihre Anfälligkeit für Angriffe. Einheit ist besonders entscheidend, wenn man sich tief im feindlichen Territorium befindet.

der Kampf sorgfältig vorbereitet worden.

Solltest du in solch einer Lage siegen, wird das Selbstvertrauen deiner Soldaten sprunghaft ansteigen. Sie gewinnen neue Stärke, Mut und Entschlossenheit. Dein Ruf wird im gleichen Maß wachsen wie das Risiko, das du eingegangen bist. Deine Armee wird sich unter deiner Führung für unbesiegbar halten.

Egal wie aussichtslos die Lage erscheint – verzweifle niemals. Wenn alles verloren scheint, rufe den Mut herbei. Wenn du von allen Seiten von Gefahren umgeben bist, fürchte keine. Wenn alle Ressourcen aufgebraucht sind, vertraue auf deinen Einfallsreichtum. Wirst du überrascht, überliste den Feind und erwische ihn seinerseits unvorbereitet.

Trainiere deine Truppen so gut, dass sie jeder Herausforderung gewachsen sind, ohne zusätzliche Vorbereitung zu brauchen. Lehre sie, Chancen zu erkennen, wo scheinbar keine sind. Bereite sie darauf vor, entschlossen zu handeln, ohne auf spezifische Befehle zu warten. Vermittle ihnen solch ein Maß an Disziplin, dass sie die Regeln des Verhaltens von sich aus durchsetzen und alles ablehnen, was Ordnung oder Moral untergräbt.

Achte genau darauf, die Moral unter Kontrolle zu halten. Stoppe das Verbreiten falscher Gerüchte, unterbinde Beschwerden und Murren schon im Keim, und verhindere, dass Soldaten aus ungewöhnlichen Ereignissen düstere Schlüsse ziehen.

Wenn die Wahrsager oder Astrologen des Heeres Glück vorhersagen, ehre ihre Worte. Sind ihre Aussagen unklar, deute sie im positiven Sinne. Doch wenn sie zögern oder Negatives äußern, ignoriere sie und bringe sie zum Schweigen.

Zeige Liebe und Fürsorge für deine Truppen. Gib ihnen all die Unterstützung, Vorteile und Annehmlichkeiten, die sie benötigen. Denk daran: Wenn sie Härte ertragen, dann nicht, weil sie das Leiden lieben. Wenn sie hungern, dann nicht, weil ihnen Essen gleichgültig ist. Wenn sie ihr Leben riskieren, dann nicht, weil sie es nicht schätzen. Ebenso gilt: Wenn deine Offiziere keinen persönlichen Reichtum haben, heißt das nicht, dass sie materielle Güter verachten. Erkenne diese Wahrheiten tief in deinem Herzen und lass sie dein Führungsverhalten bestimmen.

Wenn in deiner Armee alles gut organisiert ist und alle Befehle gegeben wurden, und deine Truppen – im Leerlauf sitzend – Anzeichen von Traurigkeit zeigen oder gar in Tränen ausbrechen, dann musst du sofort handeln, um sie aus dieser Lethargie und Schwermut zu befreien. Veranstalte Feste, lass sie Trommeln und andere militärische Instrumente hören, beschäftige sie mit Übungen und Manövern, und führe sie in herausforderndes Gelände, wo sie arbeiten und Härte ertragen müssen. Wenn du so handelst – dem Beispiel von **Chuang Chu und Cao Gui**[65] folgend – wirst du ihre Moral verwandeln, sie an Mühsal gewöhnen und ihre Geister abhärten. Mit der Zeit wird ihnen keine Aufgabe mehr zu schwer sein.

Tiere reagieren unterschiedlich auf Lasten[66]: Vierfüßer verweigern den Dienst, wenn sie überlastet sind, und werden bei zu großer Belastung nutzlos. Vögel hingegen müssen angetrieben werden, damit sie ihre Nützlichkeit zeigen. Der Mensch liegt irgendwo dazwischen: Man muss ihm eine Last geben, aber nie eine, die ihn zerdrückt. Man muss ihn zum Handeln bewegen, aber mit Weisheit und Maß.

Wenn du deine Armee wirkungsvoll und unbesiegbar machen willst, dann sollte sie dem **Shuai Jian**[67] gleichen – einer großen Schlange vom Berg Changshan. Wenn man ihren Kopf schlägt, krümmt sich sofort der Schwanz zum Schutz. Wird der Schwanz geschlagen, eilt der Kopf zur Verteidigung. Trifft man eine beliebige Stelle, vereinen sich Kopf und Schwanz, um die verletzte Stelle zu schützen.

Du fragst dich vielleicht: Kann eine Armee sich so verhalten? Die Antwort lautet: Ja – sie kann, sie muss, und sie sollte es tun.

---

[65] Chuang Chu und Cao Gui waren historische Persönlichkeiten, die für ihre Führungsstärke und ihre Fähigkeit, Truppen zu motivieren, bekannt waren. Ihre Strategien beinhalteten oft innovative und einfühlsame Methoden zur Stärkung der Moral, etwa durch gemeinsame Übungen oder Belohnungen für besondere Leistungen.

[66] Die Tiermetapher spiegelt das feine Gleichgewicht wider, das ein General bei der Führung seiner Truppen halten muss. Eine Überforderung der Soldaten führt zu Auflehnung, eine Unterforderung zu Gleichgültigkeit. Wahre Führungsstärke liegt in der richtigen Balance.

[67] Die Shuai-Jian-Schlange symbolisiert Einheit und gegenseitigen Schutz. Diese Metapher betont, wie wichtig Zusammenhalt innerhalb einer Armee ist: Jeder Teil muss instinktiv die anderen verteidigen, um eine geschlossene und schlagkräftige Truppe zu bilden.

Betrachte dieses historische Beispiel: Einmal mussten Soldaten aus dem Königreich Wu zusammen mit Soldaten aus dem Königreich Yue einen Fluss überqueren. Ein heftiger Wind kam auf, ihre Boote kenterten, und sie wären alle ertrunken, hätten sie nicht zusammengearbeitet. In diesem Moment vergaßen sie ihre Feindschaft und halfen einander aufrichtig, wie wahre Freunde – sie kooperierten so selbstverständlich, wie die rechte Hand der linken hilft.

Dieses Beispiel zeigt, dass nicht nur die verschiedenen Teile deiner Armee sich gegenseitig unterstützen sollten, sondern dass du auch deinen Verbündeten zur Seite stehen musst. Selbst besiegte Völker, die unter deiner Herrschaft stehen, verdienen deine Hilfe. Sie haben sich ihre Lage nicht ausgesucht – die Notwendigkeit hat sie in diese Position gebracht. Wenn ihr Herrscher dir den Krieg erklärt hat, war das nicht ihre Entscheidung. Behandle sie mit Güte, und sie werden dir in der Zukunft mit Loyalität danken.

Egal, wo du stationiert bist oder welches Gebiet du kontrollierst – wenn deine Armee aus fremden Soldaten besteht oder du Kämpfer aus besiegten Völkern integriert hast, um deine Reihen zu verstärken, darfst du niemals zulassen, dass sie Einheiten bilden, in denen sie die Mehrheit oder die Stärksten sind. Wenn man mehrere Pferde an einen Pfosten bindet, sollte man niemals die ungezähmten zusammenstellen oder sie die zahmen überwiegen lassen – das führt zu Chaos. Doch sobald sie gezähmt sind, folgen sie der Gruppe ganz von selbst.

Unabhängig von den Umständen gilt: Wenn deine Armee kleiner oder schwächer ist als die deines Gegners, kann allein dein geschicktes Handeln den Sieg sichern. Es reicht nicht aus, sich auf lahme Pferde oder unbewegliche Streitwagen zu verlassen. Was bringt dir eine starke Verteidigungsstellung, wenn du nicht weißt, wie man sie richtig einsetzt? Was nützt Mut ohne Vorsicht oder Tapferkeit ohne Strategie?

Ein fähiger General nutzt jede Ressource, die ihm zur Verfügung steht. Das ist jedoch nur möglich, wenn Operationen absolut geheim bleiben, die Ruhe gewahrt wird und die Führung durch Integrität bestimmt ist – während die Armee gleichzeitig in einem Zustand von Ehrfurcht und Ungewissheit gehalten wird. Die Soldaten eines Generals dürfen niemals genau wissen, was sie als Nächstes tun oder welchen Befehl sie erhalten werden.

Wenn sich die Umstände ändern, passt der General seine Strategie an. Wenn sich in seinen Methoden oder Systemen Schwächen zeigen, korrigiert er sie schnell und entschlossen. Wenn selbst die eigenen Truppen seine Pläne nicht kennen – wie könnte der Feind sie jemals herausfinden?

Ein wahrer Meistergeneral weiß im Voraus, was getan werden muss – alle anderen bleiben völlig ahnungslos. Dieses Prinzip wurde bereits von unseren alten Kriegern praktiziert, die in der erhabenen Kunst der Führung brillierten. Wenn sie planten, eine Stadt zu stürmen, sprachen sie erst darüber, als sie bereits am Fuße ihrer Mauern standen. Sie führten den Angriff selbst an, und ihre Truppen folgten ihnen ohne zu zögern. Sobald sie auf den Mauern standen, **zerstörten sie alle Leitern – damit es kein Zurück mehr gab**[68].

Wenn sie sich tief im Gebiet ihrer Verbündeten befanden, handelten sie mit noch größerer Vorsicht und Geheimhaltung. Sie führten ihre Armee mit der Präzision und Fürsorge eines Hirten, der seine Herde **lenkt—mal nach vorne, mal zurück, mal in eine neue Richtung**[69]—und das alles ohne ein einziges Murren oder Widerstand von ihren Soldaten.

Die wichtigste Fähigkeit eines Generals liegt darin, die neun Arten von Gelände zu verstehen und seine Strategien entsprechend anzupassen. Dazu gehört, Truppen abhängig von Umgebung und Umständen gezielt einzusetzen oder zurückzuziehen, die eigenen Absichten zu verbergen und gleichzeitig die des Feindes zu enthüllen. Ein General muss stets bestimmte Wahrheiten im Kopf behalten:

- Truppen entwickeln eine tiefe Einheit, wenn sie sich im Herzen des feindlichen Gebiets befinden.
- Sie neigen zu Spaltung und Zerstreuung, wenn sie sich an der Grenze aufhalten.

---

[68] Diese Taktik, bekannt als „die Boote verbrennen“ oder „sich vollständig verpflichten“, zwingt die Soldaten dazu, mit absolutem Einsatz zu kämpfen, da es keine Möglichkeit zur Flucht oder Kapitulation gibt.

[69] Die Metapher des Hirten verdeutlicht die Notwendigkeit präziser und reaktionsschneller Führung. Ein General muss seine Armee mit Sorgfalt lenken, für Einheit und Zielstrebigkeit sorgen, ohne Ungehorsam oder Auflehnung zuzulassen.

- Der Sieg rückt in greifbare Nähe, wenn alle Ein- und Ausgänge des eigenen Lagers und des Feindes kontrolliert sind.

- Der Erfolg beginnt mit dem Lager auf weitem, offenem und gesichertem Gelände.

- Der Sieg ist nahezu sicher, wenn die Armee im Feindesland alle Außenposten, Wege und Dörfer in der Nähe besetzt hat und den Feind vollständig umzingelt. Den guten Willen der eroberten Bevölkerung durch vorbildliches Verhalten zu gewinnen, festigt diesen Erfolg noch mehr.

Gestützt auf Erfahrung und Nachdenken habe ich versucht, diese Prinzipien bei meinen Feldzügen anzuwenden.

- In gespaltenem Gelände arbeitete ich daran, Herzen zu einen und Gefühle in Einklang zu bringen.

- In leichtem Gelände sammelte ich meine Kräfte und hielt sie mit sinnvollen Aufgaben beschäftigt.

- In umkämpftem Gelände nahm ich es ein, wann immer es möglich war; erreichte der Feind es zuerst, nutzte ich List, um ihn zu vertreiben.

- In zusammenlaufendem Gelände war ich höchst wachsam und versuchte, die nächsten Schritte des Feindes vorherzusehen.

- In offenen Ebenen breitete ich meine Truppen ruhig aus und sorgte gleichzeitig dafür, dass der Feind das nicht tun konnte.

- In Gelände mit mehreren Ausgängen blieb ich in ständiger Alarmbereitschaft, wenn ich nicht alle Routen gleichzeitig sichern konnte. Ich beobachtete den Feind genau und verlor ihn nie aus den Augen.

- In ernsten und kritischen Geländen achtete ich besonders auf die Stärkung und Ernährung der Truppenmoral.

- In zerstörtem oder verwüstetem Gelände suchte ich nach

Auswegen—entweder über indirekte Routen oder indem ich Lücken in unserer Position schloss.

- In Todesgelände ließ ich den Feind glauben, dass wir keine Überlebenschance hätten—und schuf so Gelegenheiten, das Blatt zu unseren Gunsten zu wenden.

Disziplinierte Truppen leisten erbitterten Widerstand, wenn sie eingekreist sind, verdoppeln ihre Anstrengungen in verzweifelten Situationen, stellen sich Gefahren mit furchtloser Entschlossenheit und kämpfen bis zum Äußersten, wenn es keine andere Wahl gibt. Sie folgen jedem Befehl ohne Zögern.

Wenn die Soldaten unter deinem Kommando diese Eigenschaften nicht zeigen, liegt die Schuld bei dir. Als ihr Anführer musst du Disziplin einführen und Loyalität wecken; wenn du das nicht schaffst, bist du deiner Position nicht würdig.

Wenn du die Pläne benachbarter Staaten nicht kennst, kannst du keine rechtzeitigen Allianzen schmieden. Wenn du nicht weißt, wie viele Feinde dir gegenüberstehen, welche Stärken und Schwächen sie haben, wirst du nie in der Lage sein, die notwendigen Vorbereitungen zu treffen oder deine Armee effektiv zu organisieren. In so einem Fall bist du ungeeignet zum Führen.

Wenn du das Gelände nicht kennst – wo Berge, Hügel, trockene oder feuchte Gebiete, steile Pässe, Sümpfe oder andere gefährliche Orte liegen – wirst du keine passenden Befehle erteilen können. Ohne dieses Verständnis kannst du dein Heer nicht führen, und du bist nicht würdig, das Kommando zu tragen.

Wenn du mit den Wegen nicht vertraut bist oder es versäumst, zuverlässige Führer zu engagieren, um unbekannte Routen zu erkunden, wirst du dein Ziel nicht erreichen. Der Feind wird dir immer einen Schritt voraus sein, und du verdienst es nicht, zu führen.

Wenn ein mächtiger Anführer einen starken Staat angreift, sorgt er dafür, dass der Feind seine Kräfte nicht sammeln kann. Er schüchtert den Gegner ein und hindert dessen Verbündete daran, ihm zur Hilfe zu kommen. Auf diese Weise vermeidet ein großer Anführer es, gegen vereinte Koalitionen mächtiger Staaten zu kämpfen, und stärkt nicht ungewollt den Einfluss anderer. Er verlässt sich auf seine Fähigkeit, Angst und Verwirrung zu säen, um seine Ziele zu erreichen. Mit diesen Taktiken nimmt er feindliche Städte ein und stürzt ganze Staaten.

Wenn du nicht weißt, wie man mehrere Strategien gleichzeitig koordiniert, wird deine Streitmacht schwächer sein als die von Vasallen oder kleineren Staaten, die in ihrer Absicht geeint sind. **In der Geschichte, wenn sich Vasallen und Lehnsherren darauf vorbereiteten, Krieg**[70] gegen einen mächtigen Herrscher zu führen, vereinten sie sich, was im ganzen Land Chaos stiftete. Sie versuchten, so viele Verbündete wie möglich zu gewinnen, insbesondere benachbarte Staaten – und zahlten sogar hohe Preise, um deren Freundschaft zu sichern.

Sie gaben dem Feind keine Zeit, sich zu erholen, geschweige denn, Verbündete zu suchen oder seine Truppen zu sammeln. Sie griffen an, während der Feind noch verwundbar und unvorbereitet war. Wenn sie eine Stadt belagerten, nahmen sie sie ein. Wenn sie eine Provinz erobern wollten, wurde sie die ihre.

Egal wie groß ihre frühen Erfolge waren, sie wurden niemals selbstzufrieden. Sie sorgten dafür, dass ihre Armee niemals untätig oder undiszipliniert wurde. Sie hielten strikte Ordnung, bestraften bei Bedarf und belohnten großzügig, wenn es angebracht war. Neben den allgemeinen Kriegsregeln schufen sie Sondergesetze, die auf die besonderen Umstände von Zeit und Ort abgestimmt waren.

Willst du Erfolg haben? Folge dem hier beschriebenen Modell. Behandle deine Armee, als wäre sie eine einzige Person unter deiner Obhut. Rechtfertige deine Entscheidungen niemals vor deinen Soldaten. Mache ihnen jeden Vorteil klar bewusst, den sie haben – aber verheimliche selbst den kleinsten Verlust. Führe alle deine Pläne und Bewegungen in absoluter Geheimhaltung durch.

Bringe deine Soldaten in eine gefährliche Lage, und sie werden um ihr Überleben kämpfen. Positioniere sie auf einem Gelände, wo der Tod unausweichlich erscheint, und sie werden nach dem Leben streben. Wenn sich eine Armee in solch verzweifelter Lage befindet, kann sie eine Niederlage

---

[70] Dies bezieht sich auf historische Taktiken aus der Zeit der Streitenden Reiche, in der kleinere Staaten Allianzen bildeten, um einer dominanten Macht entgegenzuwirken. Solche Koalitionen versuchten häufig, die Schwachstellen der größeren Staaten gezielt auszunutzen.

in einen Sieg verwandeln.

Verteile Belohnungen, ohne dich an herkömmliche Regeln zu halten, und erteile Befehle, ohne dich an alte Gepflogenheiten zu binden. Auf diese Weise kannst du deine gesamte Armee so befehligen, als wäre sie eine einzige, einheitliche Einheit.

Beobachte stets die Bewegungen des Feindes genau und zögere nicht, entschlossen zu handeln, um seinen General gefangen zu nehmen. Schlag zu, um den feindlichen Befehlshaber zu eliminieren, denn du kämpfst nicht nur gegen Rebellen, sondern gegen die Führung, die sie lenkt.

Das Wesen militärischer Operationen liegt in deiner Fähigkeit, so zu erscheinen, als würdest du dem Willen des Feindes folgen, um ihn in falscher Sicherheit zu wiegen.

Teile deine Truppen niemals auf. Die Konzentration der Macht ermöglicht es dir, entscheidend zuzuschlagen und den feindlichen General selbst aus tausend Meilen Entfernung zu töten. Darin liegt die Genialität, dein Ziel zu erreichen.

Wenn der Feind dir eine Gelegenheit bietet, nutze sie sofort. Komm ihm zuvor, indem du etwas angreifst, das ihm besonders wichtig ist, und marschiere voran gemäß einem sorgfältig verborgenen und im Geheimen festgelegten Plan.

Das zentrale Prinzip des Krieges besteht darin, sich an die Situation des Feindes anzupassen, um die Bedingungen der Auseinandersetzung zu bestimmen.

Sobald deine Armee die Grenze ins Feindesland überschreitet, verschließe alle Rückzugswege. Vernichte alle schriftlichen Anweisungen, und verbiete das Verfassen oder Empfangen von Botschaften. Kappe alle Verbindungen zu den Kommunikationslinien des Feindes. Rufe deinen Beraterstab zusammen und dränge sie, den Plan entschlossen umzusetzen. Dann marschiere ohne Zögern gegen den Feind.

Bevor der Feldzug beginnt, solltest du dich wie ein junges Mädchen

verhalten[71], das das Haus nie verlässt: fleißig, vorbereitet und aufmerksam für jedes Detail. Sie kümmert sich um das Haus, sorgt dafür, dass alles in Ordnung ist, sieht alles, hört alles und erledigt alles – und wirkt dabei unbeteiligt und zurückhaltend.

Sobald der Feldzug beginnt, musst du handeln mit der Geschwindigkeit und Beweglichkeit eines Hasen, der von Jägern verfolgt wird. Bewege dich blitzschnell, nimm zahllose Umwege und setze auf Täuschung, um den Feind zu überlisten – genau wie der Hase, der seinen Bau sucht, um Zuflucht zu finden.

---

[71] Diese Metapher unterstreicht die Bedeutung von Vorbereitung, Sorgfalt und Diskretion. Die unscheinbare Art eines jungen Mädchens steht hier für das Ideal, Absichten zu verbergen und Ressourcen mit Bedacht zu verwalten.

Analyse von Kapitel 11

Kapitel 11 ist ein umfassender Leitfaden zum Verständnis, wie unterschiedliche Geländeformen und Umstände die Strategien beeinflussen, die man im Krieg anwenden sollte. Sun Tzu betont, dass der Erfolg davon abhängt, die Umgebung zu erkennen, sich an sie anzupassen und Entscheidungen zu treffen, die zur Situation passen. Er identifiziert neun Arten von Gelände, jede mit spezifischen Herausforderungen und Chancen, und bietet Strategien, um sie effektiv zu navigieren.

Zum Beispiel: Wenn sich deine Truppen in der Nähe der Heimat befinden (geteiltes Gelände), kann ihre Konzentration nachlassen, weil sie sich nach der Rückkehr sehnen. In feindlichem Gebiet (ernstes Gelände) musst du deine Nachschublinien sorgfältig absichern und für eine starke Moral sorgen. Bist du in der verzweifeltsten Lage (Todesgelände), wird das bloße Überleben deine Soldaten dazu antreiben, mit äußerster Entschlossenheit zu kämpfen. Die zentrale Botschaft lautet: Passe deine Pläne immer dem spezifischen Kontext an—es gibt keine Einheitslösung im Krieg.

Sun Tzu hebt auch die Bedeutung von Geheimhaltung, Disziplin und Einigkeit hervor. Eine erfolgreiche Armee funktioniert wie ein einziger Organismus—wenn ein Teil angegriffen wird, muss der Rest zur Verteidigung bereitstehen. Gute Führung sorgt dafür, dass die Soldaten motiviert sind, dem Anführer ausreichend vertrauen und in jeder Situation entschlossen handeln können.

Zentrale Lehren aus Kapitel 11

1. **Anpassung an das Gelände:** Jede Geländetyp bringt eigene Herausforderungen und Vorteile mit sich. Erkenne deine Lage und passe deine Strategie entsprechend an:
    - In umkämpften Gebieten solltest du schnell handeln, um dir einen Vorteil zu verschaffen.
    - In Todesgelände wird aus Verzweiflung der Wille zum Sieg geboren.

1. **Einheit und Zusammenhalt:** Deine Armee muss als eine geschlossene Einheit handeln, stets bereit, sich gegenseitig zu verteidigen und zu unterstützen. Die Soldaten sollten ihrem Anführer vertrauen und auch im Chaos diszipliniert bleiben.

2. **Geheimhaltung ist Macht:** Halte deine Pläne vor allen geheim—vor Feinden wie auch vor Verbündeten. Gib deine Absichten erst preis, wenn es Zeit zum Handeln ist, sodass der Feind nicht vorhersehen kann, was du vorhast.

3. **Entschlossenheit:** Zögern kann zur Katastrophe führen. Wenn sich eine Gelegenheit bietet, ergreife sie sofort. Wenn du zum Handeln gezwungen wirst, handle mit Präzision und Selbstvertrauen, um den Sieg zu sichern.

4. **Die Bedeutung der Moral:** Ein General muss wissen, wann er seine Truppen antreiben und wann er sie entlasten muss. Vermeide es, sie zu überfordern, aber halte sie gleichzeitig engagiert und motiviert. Hebe ihre Stimmung mit klarer Zielsetzung, Belohnungen und Fürsorge.

5. **Kontrolle über die Lage:** Ob auf eigenem oder feindlichem Boden—strebe stets danach, Schlüsselpositionen, Nachschubrouten und Allianzen zu kontrollieren. Bestimme den Verlauf der Schlacht, indem du das Umfeld zu deinem Vorteil formst.

Kurz gesagt

Kapitel 11 lehrt uns, die Umgebung zu erkennen und uns flexibel daran anzupassen. Erfolg entsteht durch das Verständnis des Geländes, das richtige Timing und klare Führung. Anpassungsfähigkeit, Geheimhaltung und starke Führung sind deine wertvollsten Werkzeuge. Egal ob in einer Position der Stärke oder Verzweiflung: Sun Tzu erinnert uns daran, dass Strategie—nicht rohe Gewalt—über Sieg oder Niederlage entscheidet.

Kapitel 12 – Der Angriff mit Feuer

Sun Tzu sagt:

Es gibt im Wesentlichen fünf Methoden, um mit Feuer Krieg zu führen:

1. Das Verbrennen der feindlichen Soldaten.
2. Das Verbrennen der Vorräte des Feindes.
3. Das Verbrennen seines Gepäcks.
4. Das Verbrennen seiner Waffenlager und Vorratsdepots.
5. Der Einsatz von Brandgeschossen.

Bevor du einen Feuerangriff beginnst, musst du jedes Detail sorgfältig planen. Untersuche die feindliche Stellung gründlich, identifiziere alle möglichen Fluchtwege oder Wege, über die Verstärkung kommen könnte, bereite alle benötigten Materialien vor und stelle sicher, dass der Zeitpunkt und die Umstände zu deinem Vorteil sind.

Zuerst musst du alle brennbaren Materialien sammeln und bereitlegen. Sobald das Feuer gelegt ist, beobachte den Rauch genau. Es gibt einen Zeitpunkt zum Entzünden und einen Tag, an dem das Feuer brennen soll—verwechsle diese beiden nicht. Die beste Zeit zum Entzünden ist bei ruhigem und stabilem Wetter, wenn unter dem Himmel Frieden herrscht. Der passende Tag, um das Feuer zu entfachen, ist, wenn der Mond mit einem der vier Sternbilder **Qi, Pi, Yi oder Chen**[72] in Konjunktion steht. Diese Konstellationen bringen gewöhnlich starke Winde mit sich, die zu anderen Zeiten selten auftreten.

Auch die fünf Methoden des Feuerangriffs erfordern taktische Anpassung an die Umstände. Diese Varianten sind ebenfalls fünf an der Zahl. So setzt du sie wirksam ein:

---

[72] In der alten chinesischen Kosmologie wurden Sternbilder genutzt, um günstige Zeitpunkte für Handlungen zu bestimmen. Man glaubte, dass diese Himmelskonstellationen vorteilhafte Winde mit sich brachten, was die Wirksamkeit von Feuer als Waffe deutlich erhöhte.

1. **Wenn das Feuer keine sichtbare Unruhe im feindlichen Lager verursacht und alles ruhig bleibt, handle nicht voreilig.** Übe Geduld und bewahre Ruhe. Greife nicht zu früh an, sonst wirst du scheitern. Vertraue darauf, dass das Feuer innerlich wirkt, auch wenn seine Auswirkungen zunächst nicht sichtbar sind. Warte, bis es sich ausbreitet und Funken außerhalb des Lagers sichtbar werden. Dann konzentriere dich darauf, fliehende Feinde abzufangen.

2. **Wenn das Feuer schnell aufflammt und sich in heftigen Windböen ausbreitet, handle sofort.** Gib dem Feind keine Zeit, die Flammen zu löschen. Entsende Truppen, um das Feuer zu verstärken, organisiere deine Einheiten sofort und bereite dich darauf vor zuzuschlagen, solange der Feind überfordert ist.

3. **Wenn deine Truppen das feindliche Lager nicht infiltrieren können, um das Feuer im Inneren zu legen, und du das Feuer nur von außen starten kannst, dann plane besonders sorgfältig.** Achte auf die Windrichtung und entzünde das Feuer immer auf der dem Wind zugewandten Seite. Greife dann aus derselben Richtung wie das Feuer an und nutze es zu deinem Vorteil. Kämpfe niemals gegen den Wind—er wird gegen dich arbeiten.

4. **Wenn der Wind den ganzen Tag über geblasen hat, rechne damit, dass er in der Nacht nachlässt.** Das ist ein natürlicher Vorgang. Passe deine Pläne entsprechend an und ergreife Maßnahmen, um die Kontrolle über die Situation zu behalten.

5. **Ein General, der Feuer als Waffe geschickt einsetzt, beweist wahres Können.** Ebenso zeigt ein General große Fähigkeit, wenn er Wasser einsetzt—etwa durch Überschwemmung—um den Feind zu schwächen oder zu behindern. Doch Wasser muss mit Bedacht verwendet werden. Am wirkungsvollsten ist es, um Flucht- oder Nachschubwege des Feindes zu blockieren.

Die Methoden des Feuerangriffs, wie ich sie beschrieben habe, führen in der Regel zu einem vollständigen Sieg. Nach einem Sieg ist es entscheidend, den Nutzen daraus zu ziehen. Vor allem musst du diejenigen anerkennen, die sich besonders verdient gemacht haben, und sie entsprechend ihrer Leistungen belohnen. Ohne diese Anerkennung könnten all deine Anstrengungen vergeblich sein.

Die menschliche Natur wird stark durch Eigeninteresse geprägt. Wenn deine Truppen nur Härte erleben und keine Anerkennung oder Belohnung finden, werden sie in Zukunft nicht mit demselben Geist oder derselben Wirksamkeit für dich kämpfen.

Krieg sollte nur geführt werden, wenn es absolut notwendig ist. Jede Schlacht, ganz gleich wie erfolgreich, bringt dem Sieger auch immer ein gewisses Maß an Unglück. Daher sollte der Krieg stets das letzte Mittel sein, wenn kein anderer Weg bleibt, die eigenen Ziele zu erreichen.

Ein Herrscher sollte niemals aus Wut oder Rachsucht ein Heer entsenden. Genauso sollte ein General, der von solchen Gefühlen getrieben ist, nicht in die Schlacht führen. Zorn und Rache vernebeln den Verstand und führen zu Verwirrung. Entscheidungen, die in einem solchen Zustand getroffen werden, sind selten weise und führen oft ins Verderben. Sowohl Herrscher als auch Generäle müssen einen Zustand innerer Ruhe und Klarheit abwarten, bevor sie entscheidende Maßnahmen ergreifen.

Wenn es einen Vorteil gibt, durch den ein Truppenmarsch gerechtfertigt ist, dann marschiere. Wenn kein klarer Nutzen erkennbar ist, bleib still. Selbst wenn du schwer provoziert wurdest oder dein Zorn berechtigt erscheint, warte, bis sich dein Gemüt beruhigt hat. Erst dann solltest du deine nächsten Schritte bestimmen.

Verliere nie dein wahres Ziel im Krieg aus den Augen: Ehre, Ruhm und dauerhaften Frieden für den Staat zu bringen—nicht Chaos, Verwüstung oder Verwirrung.

Denk daran: Du verteidigst die Interessen deines Landes, nicht deinen persönlichen Stolz oder deine Emotionen. Jede deiner Handlungen—deine Tugenden, Fehler, Stärken und Schwächen—wirkt sich auf die aus, die du vertrittst. Selbst kleine Fehler können große Folgen haben, und schwere Fehler richten oft irreparablen Schaden an.

Es ist schwer, ein Königreich zu stabilisieren, das am Rande des Zusammenbruchs steht. Ein zerstörter Staat lässt sich nicht wiederherstellen, so wie Tote nicht zum Leben zurückkehren.

So wie ein weiser und erleuchteter Herrscher sich der guten Regierung widmet, überlässt ein fähiger General nichts dem Zufall, wenn es um die Ausbildung und Stärke seiner Truppen geht. Die höchste Verantwortung eines Generals besteht darin, den Staat zu schützen und das Heer zu bewahren.

Analyse von Kapitel 12

Kapitel 12 dreht sich ganz um den Einsatz von Feuer als Waffe im Krieg – doch die Lehren gehen weit über das bloße Entzünden von Flammen hinaus. Sun Tzu beschreibt fünf Hauptarten, wie Feuer strategisch eingesetzt werden kann – sei es, um Vorräte zu verbrennen, feindliche Lager zu stören oder sogar deren Moral zu brechen. Entscheidend ist dabei der Grad an Vorbereitung und das perfekte Timing. Man kann nicht einfach ein Feuer entzünden und auf das Beste hoffen. Jeder Aspekt – von den verwendeten Materialien bis hin zu den Wetterbedingungen – muss sorgfältig geplant werden, um maximale Wirkung zu erzielen.

Eine der wichtigsten Erkenntnisse ist, dass Geduld und Beobachtung unerlässlich sind. Sun Tzu betont, dass man nicht impulsiv handeln darf – man soll warten, bis die Bedingungen perfekt sind, sei es die Stellung des Mondes oder die Richtung des Windes. Feuer wird so zum Symbol für kontrolliertes Chaos: eine Kraft, die – klug eingesetzt – überwältigenden Erfolg bringen kann, aber im falschen Moment zur Katastrophe führt.

Ein weiterer zentraler Gedanke ist die Bedeutung von Anerkennung für die, die zum Sieg beitragen. Sun Tzu erinnert uns daran, dass menschliche Motivation oft mit Wertschätzung und Belohnung verknüpft ist. Wenn sich Soldaten nicht wertgeschätzt fühlen, schwindet ihre Effektivität und Loyalität.

Zentrale Lehren aus Kapitel 12

1. **Vorbereitung ist alles:** Der Erfolg beim Einsatz von Feuer – oder jeder anderen Waffe – hängt von sorgfältiger Planung ab. Timing, Ressourcen und Bedingungen müssen perfekt aufeinander abgestimmt sein.

2. **Anpassungsfähigkeit:** Unterschiedliche Situationen erfordern unterschiedliche Herangehensweisen. Passe deine Taktik an, je nachdem, wie der Feind reagiert und wie die natürlichen Gegebenheiten sind.

3. **Geduld und Timing:** Vermeide impulsive Handlungen. Warte auf den perfekten Moment, wenn sich die Umstände zu deinen Gunsten entwickeln.

4. **Motivation durch Anerkennung:** Belohne diejenigen, die sich im Kampf hervortun – fair und zeitnah. Ohne Anerkennung leidet die Moral, und zukünftige Erfolge werden schwieriger.

5. **Rationales Entscheiden:** Gefühle wie Wut oder Rache führen zu schlechten Entscheidungen. Führende Personen müssen mit Klarheit und Ziel handeln und dürfen persönliche Emotionen niemals die Strategie bestimmen lassen.

6. **Das ultimative Ziel:** Krieg sollte nur geführt werden, wenn es absolut notwendig ist – und sein Ziel sollte immer sein, den Staat zu schützen und zu stärken, nicht persönlichem Stolz oder Ehrgeiz zu dienen.

Kurz gesagt

Kapitel 12 zeigt: Feuer – genau wie Krieg selbst – ist ein mächtiges Werkzeug, das Kontrolle und Strategie erfordert. Es geht nicht nur um Zerstörung, sondern um den gezielten Einsatz von Kraft, um ein übergeordnetes Ziel zu erreichen. Sun Tzu erinnert uns auch daran, dass Krieg immer einen Preis hat – selbst für die Sieger – und niemals leichtfertig begonnen werden darf. Eine großartige Führungspersönlichkeit denkt langfristig, schätzt ihr Volk und stellt das Wohlergehen des Staates über alles.

Kapitel 13 – Der Einsatz von Spionen

Sun Tzu sagt:

Wenn du eine Armee von hunderttausend Soldaten über eine Strecke von hundert li führen musst, dann sei dir bewusst, welch enorme Störung dies innerhalb deiner Reihen und im ganzen Land verursachen wird. Die Städte und Dörfer, aus denen deine Soldaten stammen, die Weiler und Felder, die deine Vorräte liefern, und die gesamte Ausrüstung, die für den Marsch benötigt wird, geraten in Bewegung und ins Chaos. Die Straßen werden überfüllt sein von Menschen, die kommen und gehen, was zwangsläufig Folgen hat: auseinandergerissene Familien, unbestellte Felder und gewaltige Kosten für den Staat.

Hunderttausende von Familien, denen ihre Führer oder Versorger entzogen wurden, werden plötzlich nicht mehr in der Lage sein, ihre gewohnte Arbeit zu verrichten. Verlassene Felder werden sowohl an Ertrag als auch an Qualität verlieren. Die Löhne zahlloser Offiziere und Soldaten, zusammen mit den Kosten zur Aufrechterhaltung einer so großen Streitmacht, werden nach und nach die Getreidespeicher und Schatzkammern sowohl des Herrschers als auch des Volkes erschöpfen. Diese Belastung führt schließlich zur Erschöpfung aller Ressourcen.

Jahrelang Feinde zu beobachten oder Krieg zu führen ohne eine klare Strategie, zeugt von Mangel an Mitgefühl für das eigene Volk. Es macht dich zum Feind deines eigenen Landes. Die gewaltigen Ressourcen, Mühen und Anstrengungen, die über Jahre in Vorbereitung gesteckt werden, laufen oft auf nur einen einzigen Tag hinaus: den Tag des Sieges.

Wer glaubt, allein mit Belagerungen und Schlachten den Sieg zu erringen, zeigt Unkenntnis sowohl über die Aufgaben eines Herrschers als auch über die Pflichten eines Generals. Das zeigt ein mangelndes Verständnis davon, wie man einen Staat regiert oder ihm dient.

Daher gilt: Wenn du dich einmal entschlossen hast, Krieg zu führen, und deine Truppen gesammelt und kampfbereit sind – dann zögere nicht, Listen einzusetzen.

Beginne damit, deine Feinde gründlich zu verstehen. Lerne alles über ihre Beziehungen, Allianzen und gemeinsamen Interessen. Scheue nicht davor zurück, große Summen für das Sammeln von Informationen auszugeben. Das Geld, das du ins Ausland sendest, um Verbündete zu gewinnen oder präzise Informationen zu erhalten, ist eine Investition, die hohe Renditen bringt – oft wertvoller als das Geld, das du deinen eigenen Truppen zahlst.

Setze überall Spione ein. Halte dich über alles informiert. Lasse keine Gelegenheit ungenutzt, Wissen zu sammeln. Doch wenn du dieses Wissen besitzt, bewahre es mit großer Sorgfalt. Teile es nicht leichtfertig mit jedem um dich herum.

Wer Listen anwendet, darf sich nicht auf Omen verlassen, keine Geister beschwören oder vage Prognosen darüber stellen, was geschehen könnte. Der Sieg wird durch gesicherte Kenntnisse über die Absichten und Positionen des Feindes errungen – durch verlässliche Berichte derer, die du dafür einsetzt.

Ein fähiger General handelt mit solcher Präzision und Voraussicht, dass der Feind bereits besiegt ist, bevor die erste Bewegung ausgeführt wird. Wenn dieser General in den Kampf zieht, übertrifft sein Beitrag den der gesamten Armee – nicht durch körperliche Kraft, sondern durch Weisheit, entschlossene Führung und vor allem durch List.

Schon beim ersten Signal sollte ein Teil der feindlichen Streitmacht überlaufen, um unter seinen Bannern zu kämpfen. Ein großer General bringt sich immer in die Position, Frieden zu Bedingungen anzubieten, die er allein bestimmt.

Das wahre Geheimnis des Erfolgs liegt in der Kunst, zur rechten Zeit Spaltung zu erzeugen:

- Spaltung innerhalb von Städten und Dörfern
- Spaltung unter externen Allianzen
- Spaltung zwischen Untergebenen und ihren Vorgesetzten
- Spaltung, die Leben bringt
- Spaltung, die den Tod bringt

Diese fünf Arten von Spaltung sind nur Äste desselben Baumes. Wer weiß, wie man sie wirksam einsetzt, ist wahrhaftig zur Führung berufen. Ein solcher Führer ist ein unschätzbarer Gewinn für seinen Herrscher und eine tragende Säule des Reiches.

1. **Spaltung in Städten und Dörfern:** Dabei geht es darum, die Bewohner feindlich kontrollierter Städte und Dörfer zu beeinflussen, ihre Loyalität zu gewinnen und ihre zuverlässige Unterstützung im entscheidenden Moment zu sichern.

2. **Externe Spaltung:** Das bedeutet, Offiziere aus der feindlichen Armee auf deine Seite zu ziehen und sie dazu zu bewegen, für deine Sache zu arbeiten.

3. **Spaltung zwischen Untergebenen und Vorgesetzten:** Dies nutzt die Uneinigkeit unter Alliierten, Einheiten oder Offizieren verschiedener Ränge innerhalb der feindlichen Streitkräfte. Diese Spaltungen schwächen den Zusammenhalt der Gegner erheblich.

4. **Die Spaltung des Todes:** Hierbei werden absichtlich falsche Berichte über den Zustand deiner Armee verbreitet. Täuschende Gerüchte gelangen an den feindlichen Hof. Wenn der feindliche Herrscher diese Lügen glaubt und danach handelt, entstehen Spannungen und Misstrauen zwischen ihm und seinen eigenen Generälen.

5. **Die Spaltung des Lebens:** Diese gelingt durch großzügige Belohnung jener, die ihren rechtmäßigen Herren verlassen und sich dir anschließen. Solche Personen kämpfen vielleicht unter deiner Flagge oder leisten andere entscheidende Dienste für deine Sache.

Wenn du es schaffst, innerhalb der feindlichen Städte und Dörfer Verbündete zu gewinnen, wirst du bald viele treue Unterstützer dort haben. Mit ihrer Hilfe erhältst du Einblick in die Stimmung und Absichten der Mehrheit, und sie werden dir Ratschläge geben, wie du selbst jene für dich gewinnen kannst, die dir am meisten Widerstand leisten. Wenn die Zeit für Belagerungen kommt, können diese Verbündeten dir ermöglichen, Eroberungen zu erzielen – ganz ohne direkte Angriffe, Kämpfe oder gezogene Schwerter.

Wenn deine Feinde, mit denen du im Krieg bist, Offiziere haben, die untereinander nicht im Einklang stehen – wenn Misstrauen, Eifersüchteleien und persönliche Ambitionen sie spalten – wirst du leicht Möglichkeiten finden, einige von ihnen auf deine Seite zu ziehen. Unabhängig von ihren Tugenden oder ihrer Loyalität gegenüber ihrem Herrscher können das Versprechen auf Rache, Reichtum oder höhere Positionen sie beeinflussen. Sobald diese Begierden ihr Herz ergreifen, gibt es kaum etwas, das sie nicht tun würden, um sie zu erfüllen.

Wenn die verschiedenen Einheiten innerhalb der gegnerischen Armee einander nicht unterstützen, wenn sie sich gegenseitig beobachten oder heimlich versuchen, einander zu schaden, kannst du diese Uneinigkeit leicht ausnutzen. Du kannst ihre Spaltung weiter anheizen, bis sie sich gegenseitig zerstören – ganz ohne dass sich jemand offen auf deine Seite stellt. Am Ende werden alle deinem Ziel dienen, selbst wenn sie es weder wollen noch merken.

Wenn du Gerüchte verbreitest, um sie das glauben zu lassen, was du willst – sei es über dich selbst oder durch falsche Anschuldigungen gegen ihre Generäle – und es dir gelingt, gefälschte Berichte an den Hof oder den Rat des Fürsten, gegen den du kämpfst, zu senden, kannst du selbst unter den Loyalsten Zweifel säen. Schon bald wird Misstrauen das Vertrauen ersetzen. Bestrafung wird Belohnung verdrängen, und selbst der kleinste Verdacht wird als ausreichender Beweis genommen, um jemanden zu verurteilen.

In diesem Moment werden die besten Offiziere und fähigsten Minister desillusioniert. Ihre Begeisterung wird schwinden, und weil sie keine Hoffnung mehr auf eine bessere Zukunft haben, werden sie zu dir überlaufen – aus Angst und dem Wunsch nach Sicherheit.

Ihre Familien, Verbündeten und Freunde werden daraufhin zu Zielscheiben, gejagt und getötet. Intrigen entstehen, Ambitionen treten zutage, und das Ergebnis wird Verrat, brutale Hinrichtungen, weitverbreitetes Chaos und Aufstände sein.

Was bleibt dir dann noch zu tun, um ein Land zu kontrollieren, dessen Volk sich bereits wünscht, dass du an der Macht bist?

Wenn du diejenigen belohnst, die zu dir überlaufen, um ihrer Angst zu entkommen und Sicherheit zu finden, und wenn du ihnen Chancen und Arbeit gibst, werden ihre Familien, Verbündeten und Freunde ebenfalls zu deinen Untertanen.

Wenn du Geld großzügig verteilst, jeden gut behandelst und dafür sorgst, dass deine Soldaten auf ihrem Weg keinen Schaden anrichten, werden dich die Eroberten willkommen heißen. Wenn sie keinen Schaden erleiden, kannst du sicher sein, dass sie bereits auf deiner Seite sind. Ihr Lob über dein Verhalten wird deinem Fürsten mehr neue Untertanen und Städte bringen als die eindrucksvollsten Siege auf dem Schlachtfeld.

Sei wachsam und aufmerksam, aber zeige nach außen Ruhe, Schlichtheit und sogar Gleichgültigkeit. Bleibe stets auf der Hut, auch wenn du sorglos wirkst. Misstraue allem, auch wenn du Vertrauen zeigst. Sei äußerst verschwiegen, auch wenn du offen und transparent erscheinst.

Setze überall Spione ein, kommuniziere mit Zeichen statt mit Worten, höre mit den Augen, und sprich mit deinem Gesichtsausdruck. Diese subtile Meisterschaft zu erreichen, ist keine einfache Aufgabe – sie ist außerordentlich schwierig. Man kann leicht getäuscht werden, während man glaubt, andere zu täuschen.

Nur ein Mann mit außergewöhnlicher Vorsicht, überlegener Weisheit und höchster Einsicht kann solche Taktiken wirksam einsetzen. Wenn du nicht so ein Mensch bist, musst du diesen Weg aufgeben, denn ein falscher Einsatz würde unweigerlich zu deinem Untergang führen.

Wenn du einen Plan geschmiedet hast und feststellst, dass dein Geheimnis verraten wurde, dann zögere nicht: töte sowohl diejenigen, die es preisgegeben haben, als auch jene, die davon erfahren haben. Auch wenn letztere noch nichts getan haben, könnten sie bald eine Bedrohung werden. Ihr Tod wird das Leben Tausender retten und die Loyalität zahlloser anderer festigen.

Sei unnachgiebig in der Bestrafung und großzügig in der Belohnung. Baue dein Spionagenetz aus und stelle sicher, dass deine Agenten überall präsent sind – im Palast des gegnerischen Fürsten, in den Häusern seiner Minister und in den Zelten seiner Generäle. Führe genaue Aufzeichnungen über die wichtigsten Offiziere in seinem Dienst: ihre Namen, Familiennamen, die

Anzahl ihrer Kinder, Verwandten, Freunde und sogar ihrer Diener. Kein bedeutendes Ereignis unter ihnen darf dir entgehen.

Deine Spione mögen überall sein, aber du musst auch davon ausgehen, dass der Feind ebenfalls Spione in deinen Reihen platziert hat. Wenn du ihre Identität aufdeckst, töte sie nicht. Ihr Leben sollte dir äußerst wertvoll sein. Mit sorgfältiger Planung kannst du diese feindlichen Agenten dazu bringen, ihren Auftraggebern gezielt falsche Informationen zu übermitteln – zu deinem Vorteil.

Ein fähiger General muss jede Ressource nutzen und darf sich durch kein Ereignis – so unerwartet es auch sein mag – aus der Ruhe bringen lassen. Vor allem aber muss er die fünf Arten von Spaltung strategisch einsetzen, denn für den, der sie meistert, ist nichts unmöglich.

Den Willen seines Herrschers zu verteidigen, das Territorium des Staates zu erweitern, tägliche Siege zu erringen, Feinde zu vernichten und sogar neue Dynastien zu gründen – all das kann durch geschickte Anwendung von Zwietracht erreicht werden.

Diese Strategie ebnete den Weg für den Aufstieg der **Yin- und Zhou-Dynastien,** [73]die mit Hilfe von Überläufern und illoyalen Dienern Größe erlangten.

Unsere ehrwürdigsten Texte preisen diese außergewöhnlichen Minister. Hat die Nachwelt sie je als Verräter oder Rebellen verurteilt? Niemals. Nur ein aufgeklärter Herrscher und ein fähiger General können den Wert brillanter Köpfe erkennen, sie in ihren Dienst stellen und große Ziele verwirklichen.

Eine Armee ohne Spione ist wie ein Mensch ohne Augen oder Ohren.

---

[73] Die Yin- (Shang) und Zhou-Dynastien waren antike chinesische Reiche, deren Erfolge oft auf dem strategischen Einsatz von Allianzen, Überläufern und innerem Aufruhr bei ihren Gegnern beruhten. Sun Tzu verwendet ihren Aufstieg als historische Beispiele für die Anwendung seiner Prinzipien.

Analyse von Kapitel 13

Kapitel 13 von Die Kunst des Krieges dreht sich vollständig um die Kunst der Spionage und wie entscheidend Geheimdienstinformationen für den Sieg im Krieg sind. Sun Tzu beginnt damit, ein eindrückliches Bild des Chaos und der Belastung zu zeichnen, die ein marschierendes Heer verursacht – nicht nur für die Soldaten, sondern auch für den Staat und seine Bevölkerung. Die Kosten eines Krieges sind hoch, und Ressourcen in einem endlosen Konflikt zu verschwenden, ist ein Zeichen schlechter Führung. Wie also gewinnt man effizient? Indem man seinen Feind in- und auswendig kennt – und der Schlüssel zu diesem Wissen sind Spione. Spione sind die Augen und Ohren eines Heeres. Mit ihrer Hilfe kann man die Stärken, Schwächen, Allianzen und Absichten des Feindes erkennen. Sun Tzu betont, dass es sich lohnt, Geld für Informationen auszugeben. Die Erkenntnisse, die durch Spione gewonnen werden, sind oft wertvoller als das, was man direkt für Soldaten oder Waffen bezahlen würde.

Das Kapitel behandelt auch die Kunst, Unruhe und Spaltung in den Reihen des Gegners zu säen. Wenn der Feind intern zerrissen ist – wenn Offiziere einander misstrauen oder Gerüchte und Falschmeldungen Paranoia hervorrufen – ist der halbe Sieg bereits errungen. Man muss nicht einmal kämpfen, wenn man es schafft, dass sich die Gegner gegenseitig bekämpfen.

Sun Tzu warnt jedoch: Täuschung, Geheimhaltung und Manipulation sind keine einfachen Werkzeuge. Diese Strategien erfordern eine Führungspersönlichkeit, die außergewöhnlich weise, diszipliniert und scharfsinnig ist. Ein falscher Schritt kann katastrophale Folgen haben. Richtig eingesetzt jedoch ermöglichen diese Taktiken einen Sieg mit minimalem Blutvergießen, sichern die Loyalität der Besiegten und schaffen langfristige Stabilität für den Staat.

Zentrale Lehren aus Kapitel 13

1. **Geheimdienst ist unbezahlbar:** Spione und Informationen sind entscheidend für den Erfolg. Je mehr du über die Pläne, Bewegungen und Schwächen deines Gegners weißt, desto besser kannst du dich vorbereiten und ihn überlisten.

2. **Unruhe beim Feind stiften:** Spaltungen innerhalb des Feindes

auszunutzen kann zu dessen Untergang führen – ohne direkte Konfrontation. Nutze Gerüchte, Falschmeldungen und psychologische Taktiken, um Misstrauen und Chaos zu erzeugen.

3. **Loyalität belohnen:** Wenn sich Menschen deiner Seite anschließen, behandle sie gut. Ihre Loyalität und ihr Einfluss können deine Position stärken und andere dazu bewegen, ebenfalls überzulaufen.

4. **Geheim halten, wachsam bleiben:** Tritt offen und gelassen auf, aber lasse niemals deine Wachsamkeit nach. Bewahre deine Pläne stets im Verborgenen.

5. **Ein fähiger Anführer nutzt alle Mittel:** Ein großer General führt nicht nur Schlachten, sondern beherrscht auch die Kunst der Täuschung und Informationsbeschaffung. Diese Werkzeuge können genauso mächtig sein wie jede Armee.

6. **Kontrolle und Präzision sind entscheidend:** Den Feind zu manipulieren und Spione einzusetzen, ist ein sensibles Unterfangen. Ohne das nötige Geschick oder Disziplin riskierst du mit einer einzigen falschen Entscheidung alles.

7. **Sieg durch Strategie, nicht rohe Gewalt:** Das höchste Ziel ist es, mit möglichst wenig Konflikt zu gewinnen. Spaltung, Täuschung und Informationen können mehr bewirken als direkter Kampf.

8. **Spione sind essenziell für den Erfolg des Heeres:** Ohne Spione ist ein General blind und taub. Sie liefern das entscheidende Wissen, um die Züge des Feindes vorauszusehen und ihnen entgegenzuwirken.

Kurzfassung

Kapitel 13 lehrt uns, dass der Sieg davon abhängt, den Feind besser zu verstehen, als er sich selbst versteht. Spione, Täuschung und subtile Manipulation sind mächtige Werkzeuge, die selbst den stärksten Gegner zersetzen können. Ein fähiger General nutzt diese Mittel, um effizient zu siegen, Leben und Ressourcen zu schonen und gleichzeitig langfristige Stabilität zu sichern. Dieses Kapitel handelt nicht nur vom Krieg – es ist eine Meisterklasse in strategischem Denken auf höchstem Niveau.

Schlusswort

Wenn du dieses Buch schließt, nimm dir einen Moment Zeit, um über die zeitlose Weisheit von Sun Tzu nachzudenken und über die tiefgreifenden Einsichten, die er in Strategie, Führung und das Wesen des Menschen bietet. Die Kunst des Krieges ist nicht nur ein Leitfaden für den Sieg im Konflikt – es ist eine Philosophie der Vorbereitung, Anpassungsfähigkeit und des Gleichgewichts, die zeit- und anwendungsübergreifend gültig ist.

Die Lektionen, die du hier kennengelernt hast, sind heute genauso relevant wie vor Jahrhunderten. Sie bieten Werkzeuge, um Herausforderungen in Leben, Beruf und Führung erfolgreich zu meistern. Nimm diese Lehren mit auf deinen Weg, setze sie mit Weisheit und Integrität um – und lasse dich von Sun Tzus Worten weiterhin leiten, um mit Klarheit, Zielstrebigkeit und Präzision Erfolg zu erreichen.

Timeless Lore

Über uns

Bei Timeless Lore setzen wir uns dafür ein, die Weisheit vergangener Zeiten heutigen Leserinnen und Lesern zugänglich zu machen. Unser Fokus liegt darauf, zeitlose Werke aus Geschichte, Philosophie und Spiritualität sorgfältig auszuwählen, zu bearbeiten und so aufzubereiten, dass sie sowohl fesselnd als auch verständlich sind – und dabei stets ihrem ursprünglichen Sinn treu bleiben.

Wir glauben, dass diese klassischen Texte Einsichten bieten, die über die Zeit hinausreichen. Sie inspirieren zum Nachdenken, fördern persönliches Wachstum und vertiefen das Verständnis für die Welt. Ob wir die Sprache modernisieren oder die Authentizität bewahren – unser Ziel ist es, Leserinnen und Leser mit der zeitlosen Weisheit dieser Werke zu verbinden.

Made in United States
Troutdale, OR
11/03/2026

56844641R00076